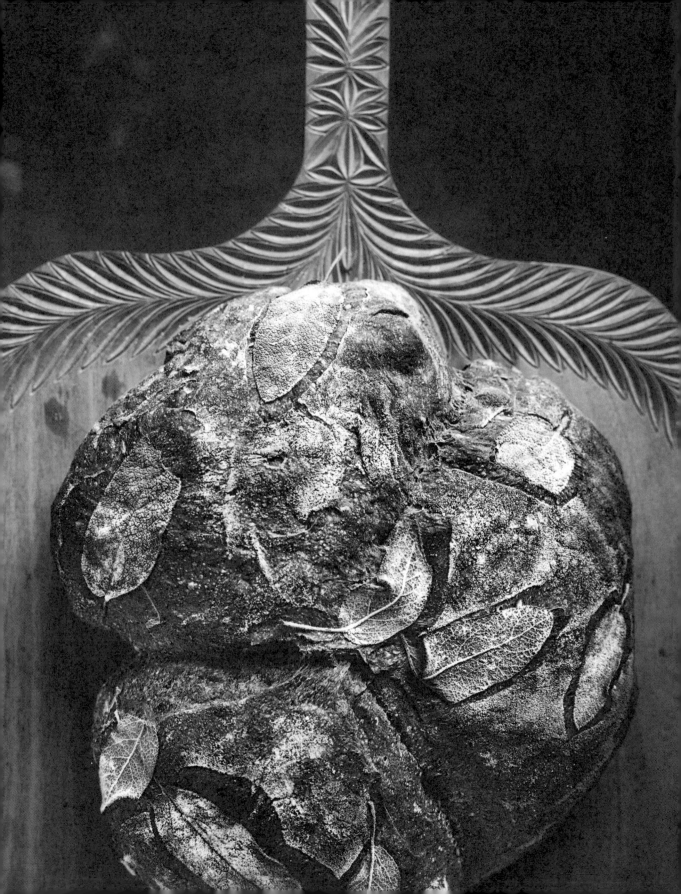

來交換麵包吧

橫越歐美亞非1,300條麵包的心靈之旅

the Bread Exchange

講一個動人的故事給我聽，
讓我看到未曾見的事物，
教導我新奇的知識，
帶來你最引以為傲的作品。

和我分享，我會與你交換麵包。

我只需要水、麵粉和鹽，
但我會盡所有的能力找到最純粹的食材，
為你製作一個好吃的麵包。
我會在黑夜中起床，只為了準備完美的麵團，
我會與你分享我努力的心血，這就是我最好的作品。

我希望可以藉此帶給你的生活一些靈感，
就如同你的故事所賦予我的一樣。

目錄 CONTENTS

前言 7
來交換麵包吧 13
交換 27

好食麵包 33
簡易酸麵包 54
香烤核桃麵包 56
交換麵包計畫招牌酸麵包 58
迷迭香枸杞麵包 60
芬蘭式家常麵包 62

西奈 67
故事的源頭：西奈沙漠・埃及 69
方塊千層乳酪酥 74

柏林 77
麵包交換計畫的晚餐聚會：柏林・德國 78
枸杞蘭姆甜酒 83
醃漬無花果 88
扁豆與鮮蔬 92

斯德哥爾摩 99
淡水螯蝦餐會：斯德哥爾摩・瑞典 101
達拉勒島的開放式三明治 104
CRAIL TAIL調酒 106
斯莫蘭的淡水螯蝦 108
瓦思特波頓乳酪鹹派 114

巴伐利亞 116
早午餐：巴伐利亞・德國 119
凱蒂的老屋子接骨木莓果醬 124
迷迭香血橙抹醬 126
洋梨生薑果醬 128
什錦果麥穀片 130
朵爾家族家傳麵包抹醬 136
德式炸甜麵團圈 139

華沙 144
冬季酸湯品：華沙・波蘭 146
酪奶湯佐山葵馬鈴薯泥 149
發酵裸麥酸麵包湯（酸麵包湯、白羅宋湯）154
波蘭式酸黃瓜湯佐蒔蘿 158

紐約市 161
屋頂上的午後：布魯克林・紐約 162
洛神花薑汁調酒 168
鮮葡萄汽泡酒 169
酸醃鮮魚 173
最完美的漢堡 178
楓糖香烤南瓜沙拉 180

仲夏節 183
仲夏夜仙境 184
蘿拉的魔法仲夏蛋糕 192
仲夏檸檬魚肉末醬 196
紅胡椒醃鮭魚 198

喀布爾 202
與大師的課程：喀布爾・阿富汗 205
阿富汗韭蔥餃 222
馬鈴薯韭蔥餅配波斯酸奶飲料 225
炸茄子蕃茄佐優格醬 228

安特衛普 232
尋根：安特衛普・比利時 234
比利時列日鬆餅 238
榛果巧克力醬 242
肉桂薑餅抹醬 244
獻給莫琳的貽貝 246

加州 249
公路旅行：加州・美國 250
酸麵早餐熱煎餅 256
純素食香蕉麵包 258
Spinster姊妹的羽衣甘藍菜沙拉 260
羊乳酪 264

舊金山 268
原味天然酵母酸麵包起源地：舊金山・美國 270
塔汀招牌丹麥式裸麥麵包 276
早餐乳酪烘蛋 278
西西里燉菜 280

致謝名單 284

特別感謝 291

好的麵包必須是用心烘焙的

如同許多美好的事情一般，故事的開頭總是充斥著挫折，以及混雜許多的不滿。我那時是一位時尚界的銷售經理。那個圈子的單一心態是很現實的，如果你不適合穿美國四號或歐洲三十六號的尺寸，那你大可以準備找其他工作了！於是，我開始發現許多同事，包括我自己在內，為了保持身材逐漸開始改變飲食習慣，將碳水化合物排除，向馬鈴薯和義大利麵說掰掰。

「先生，請問這是無糖優格嗎？」「噢，不，請不要在我的咖啡裡加糖！」我甚至開始改喝純黑咖啡，接著牛奶跟隨著糖上了黑名單，麵包更是絕對不能碰。但問題來了，這部分對我來說實在很困難，我超愛麵包。從小到大，它一直是我們家族聚餐飲食的一大部分。麵包對我來說是富有詩意的食物，象徵所有的溫飽和養分。要我如何拒絕麵包呢？我真的做不到，有所妥協的結果是，我決定只吃「好」的麵包。

我想每個人對好的麵包有不同的解讀，但對我來說答案呼之欲出。好的麵包必須是用心烘焙的，同時還要使用高品質的原料，過程相當耗費時間，更要以傳統技法製作。我相信麵包一定要用野生天然酵母製作（也就是我們所說的酸麵包）＊，我對商業酵母（單一菌種）並沒有偏見，但使用野生天然酵母可以確保麵包的品質，因為除了必須用健康的酸麵麵種發酵，師傅的技術和心思也都非常重要，我保證你絕對能吃出其中的不同。

當然，這世界上充滿各式的好麵包。品嘗麵包和葡萄酒其實有異曲同工之妙，令我們記憶深刻的味道會隨著陪襯的調味而改變。一片裸麥（黑麥）麵包可能搭配某一種濃郁的瑞士葛瑞爾乾酪（Gruyère Cheese）時最能表現特色，而核桃麵包則比較適合和軟質的羊奶乳酪一起食用。我喜歡好的麵包，但我一定會根據其他配菜和在地的風味來挑選我要吃的麵包。我愛上酸麵包的原因很簡單，當我為了工作到世界各地出差時，這個白麵粉結合野生酵母的原味，能與我喜愛的許多食物百搭不膩。

我對好的麵包的著迷慢慢變成一個嗜好，在旅行時我會開始花時間尋找每個城市裡最好吃的麵包。我一定會到有好吃麵包的咖啡廳悠閒地吃一頓早餐，因為如果他們的麵包好吃，通常其他菜色也能達到相當的標準。麵包是最先上桌的食物，所以當一家餐廳或咖啡廳提供品質令人質疑的麵包，進而冒險糟蹋給客人的第一印象，由此可見他們對其他食物也不會太講究。很巧合的，就在我踏上尋找心目中完美的麵包之途時，以白麵粉為基底的手工麵包正好在世界各處開始流行。在斯德哥爾摩和哥本哈根的路上，都可以看到專賣酸麵包的烘焙坊，紐約和倫敦也興起麵包的熱潮。漸漸的，我旅行到各大城市都不缺好吃的麵包，唯獨回到在柏林的家時，卻找不到任何原味的白麵包。怎麼也想不透身在有好吃麵包的德國首都，怎麼會面臨這樣的困擾呢？

請不要誤會，德國還是有許多傳統手工麵包坊，尤其基於地緣傳統，在南方的巴伐利亞和巴登坦柏地區，大家還是輕易能吃到扎實的裸麥麵包。不過，在二〇〇七年時想找正統的酸白麵包卻是難上加難，連在頂級餐廳都只吃得到很沒誠意的長棍麵包，於是我下定決心自己烘焙麵包。

這個計畫的吸引力正是因為從來不是為了「得到東西」

這開啟了我的烘焙人生，失心瘋狂的烘焙時光。回到二〇〇八年，我對烘焙麵包的興趣演變成研究一條完美麵包的執著。這過程並不簡單，家中的垃圾桶無時無刻都堆滿了不合格的麵包，有些麵團發酵不夠、有的太酸或太濕，也有外表不夠漂亮的，各式各樣的問題都有。

當我的麵包終於達到我心目中的理想麵包標準時，我開始分送一條條給朋友和過去不熟悉的鄰居們，甚至多到朋友圈消化不下，送到朋友的朋友都有份。有次一位朋友的朋友用心的想要回禮，他的父親是柏林愛樂樂團的中提琴手，手邊正好多一張演奏會的票，所以就送給了我。同一星期，一位鄰居燒錄了一疊德國民主共和國的影像光碟給我，他想我是位柏林新移民，可能

會對東柏林的歷史有興趣。這便是麵包交換計畫的起源。我想這個計畫的吸引力正是因為從來不是為了「得到東西」，大家只是想分送各自生活中太足夠的物質，以及分享對我們來說很重要的事物。一切的本質是發自內心的好意，絕對不是想趁機貪得任何好處。這種不抱期望的付出正是這個計畫最美好的地方。

下定決心開始交換麵包計劃後，我用文字和圖片記錄我的烘焙故事，寫成一個部落格「TheBreadExchange.com」。除了上傳照片，我更會寫下啟發我製作每種麵包的靈感，還有如何選擇每樣食材背後的故事。烘焙麵包的計畫完全滿足了我對故事和手作感的熱誠。不久後，麵包交換計畫的網上群組就開張了，我們透過網路聯絡事宜，但一定會見面交換物品。這個社團讓我接觸到許多原本只靠部落格聯繫而沒有機會遇到的人群。我從來就沒有興趣要暴露自己私生活的點滴，但我發現網路不只是協助世界各地有相似喜好的人相聚的工具，它也讓我的生活更有樂趣。

從這些經驗中，我發現自己分享時受益最多。以物易物有種釋放的用意；要交換的人必須先意識到自己的特殊才藝，或者是在生活中已足夠的物質再來分享。參與過這個活動的人都會同意，這在某一層面上是對自我要求的一種認可，因為發現自己的能力竟然可以與其他人交換事物，會令人感到鼓舞、欣慰和自信。

這本書不只是我的，也結合了整個社群的心血

透過「麵包交換計畫」，我認識了許多開明且很有創意的人，在創作本書時也就理所當然想延伸我們互相交換的友情而與他們攜手合作，也就是說，所有不是我自己拍攝或撰寫的部分都是我換來的。這本書不只是我的，也結合了整個社群的心血。這本書是一個私密的故事，書裡的每個情節、地點、食譜都是對我和「麵包交換計畫」意義非凡的靈感來源。也正因為如此，能結集到如此多元的食譜，都是社群中的成員願意大方與我分享的個人收藏。

至今我已經交換了超過一千條的麵包，也很幸運有機會接觸到多樣的人和文化。我要感謝這個計畫和參與的所有人帶領我用心體驗生活中微小和純粹的事物，還有手作精神的美好。本書有限的紙上空間只夠我分享一些交換計畫賜給我的生活樂趣，但希望大家跟著做麵包時，也能感受到靈感的滋味！

我不是一位專業的廚師或是烘焙師傅，在言語表達和烘焙技術上仍多有不足，我自己在煮菜時習慣翻閱食譜，但同時也會上網尋找有助於理解和加強廚藝的解說。如果你對食譜裡的任何步驟有疑問，建議像我一樣搭配多個食譜作參考，或者上網蒐尋教學短片觀看。

對我來說，挑選品質好的食材非常重要。烘焙是很講求品質的一件事，尤其做麵包又只需要三種原料，不需要依賴商業酵母，真的就是天然的結合。我儘量選用有機的食材，除了對整體環境的友善保護之外，我覺得天然食材的味道還是比較純。超市裡最便宜的那罐油真的不一定值得。當食譜裡寫著用黑胡椒時，我一定儘量用現磨的胡椒粉，好的胡椒研磨器是非常值得投資的。煮馬鈴薯的沸水裡不用加頂級的鹽，反正又吃不出味道，但麵團裡就絕對要用好的鹽。有一些小動作，例如加入麵團中的核桃要先烘烤過，可以大大提升整個麵包口味上的完整感，所以可以放心嘗試。最後想提醒大家，我不太會指示精準的胡椒或香煎用的奶油份量，我想大家的口味不同，只要依照自己喜好的調味即可。

這是一本由「麵包交換計畫」社群和朋友們聯手精心策劃的食譜，有幾位合作者就有幾個人的故事，多到數不清！請盡情享用這本書，當作靈感在廚房裡玩樂，你完全可以跳過不想煮的食譜或做任何調整，加入自己喜歡的口味成為更私房的食譜，去嘗試各種新的食物，或許你會發現我們未曾嚐過、更美味的驚喜！

*野生天然酵母和水、麵粉發生變化，使麵團產生酸味。但是依使用的野生天然酵母的不同，發酵後麵團產生的酸味程度有差異，甚至有些酸味已微乎其微，而本書為方便名稱，所以皆稱為酸麵包（在台灣也有人稱天然酵母麵包）。

the Bread Exchange

來交換麵包吧

the Bread Exchange World Map

●麵包交換交易路線 　▼酸麵團的書本旅程

在柏林愛樂樂團的音樂廳門外，他親手交給我當晚演奏會的票。
他的父親是一位著名的中提琴手，
而今晚這兩張票正是在他們家族包廂裡聆聽他演出的座位。
我跟隨他的腳步穿越音樂廳裡彎曲的走廊和陡峭的階梯，來到了壯觀的演奏廳內。
我們互不相識，
但我知道他很喜歡吃麵包，而他知道我對中提琴樂曲情有獨鍾。

那晚的柏林愛樂，無疑改變了我的人生

現在回想起來，那晚的柏林愛樂，無疑改變了我的人生。有些人可能會說是巧合和運氣，但在那晚之前，我從來沒有想到要正式開始「麵包交換計畫」。這個計畫的起源不是DIY消磨時間而找的樂子，也不是為了反應二〇〇八年金融海嘯的經濟低潮，與宗教信仰也無關，更不是為了對現今社會的消費主義所起的反彈。

我一向對質感和手工藝抱持無比的尊敬，對堅持兩者所費的專注力也是敬佩不已。麵包交換計畫也是由此誕生，剛開始單純是自己的好奇心，以及想「和我以物易物」的人展開互動。我決定睜開雙眼體驗生活，打開心房讓陌生人引領我走上新的、意想不到的生命旅程。麵包交換計畫是我做過最有成就感的一件事，我在每一段旅程都學習到一件新的事，也被路程中遇見的每一位朋友的故事深深感動。我覺得除了最基本的麵粉、水與鹽，我的麵包裡還藏著第四個秘密成分：就像是陌生人對我敘述的故事裡那種生澀卻豐富的味道。

計畫已經遍佈全世界，我的麵包也去過世界七大洲了

參與這個計畫的人都秉持著很正面的心態來以物易物，有些發揮了自己的專長或作品，許多人貼心的帶來他或她認為我會喜歡和欣賞的東西，也有不是物質的新點子。我將我得到的種種，可能是食材也可能是靈感融入我的生活中。如今，麵包交換計畫已成為一個載著滿滿麵包與各種故事的族群。

　　自從二〇〇九年我首次在柏林交換麵包，這個計畫已經遍佈全世界，我的麵包也去過世界七大洲了。當然一開始大可選擇交換麵包以外的東西，但麵包正是這個計劃所需要的特別溫度。認真想想，真的沒有比麵包更適合分享的了！麵包蘊含極深的情感價值，本身就是讓人共食的。我不是沒有自己一個人站在廚房裡，配著有鹽奶油吃完一整大條麵包過，也承認那些時刻的當下，一點都沒有想到要和他人共享那種滿足的好滋味。但大多數時間，麵包應該是要切片與家人、朋友在餐桌上分享的食物。無論如何我確定的是，一起分食過麵包的人絕對無法針鋒相對。

　　麵包交換計畫是從我二〇〇八年架設的部落格延伸的，一開始我將它取名為「艾姆莉德（Elmlid）小姐和休假時的點滴」。對我來說，部落格是記錄生活中大小趣事和靈感的好方法。當時我上班的時數很長，且時常出差，漸漸的發現再也無法全心只栽在工作中過日子。我們每個人都被各自的工作框住，透過部落格維持自己的興趣就自然而然發生了。我在部落格裡發洩逃離工作和生活中壓力的種種的事物，連自己拍的相片也成為說故事的一種語言。

麵包不分宗教、種族和文化，能將人心結合在一塊

　　我最重視的事往往都是些不要緊的小事。雖然可以輕鬆的睜一隻眼閉一隻眼，讓這些瑣事溜過，但如果你願意多花一點時間，這些小事也可以帶給生活許多樂趣。一直以來，我選擇的工作、住家地點，甚至室內裝修風格、旅遊或是我喜歡吃的食物，都是和品質與歷史緊緊相連。小時候的禮拜天，比起去動物園看猴子，我情願去歷史博物館盯著牆上敘述歷史事件發生順序的圖像看。長大後，對歷史的著迷讓我對每件物品的過去感到好奇。我認為漠視一件物品的形成史，無論是人工製造或是天然形成，就像在抹殺物品的靈魂，一旦消失就彌補不回來了，每個物品的素質與它的歷史是相輔相成的。

　　每件精心製造的物品都有它的故事，缺少了這樣的生產過程便毫無故事

性，也不會這麼吸引我！我追尋的是品質與製造者投入的心思。我對高品質的細節與工藝極為推崇，也以同樣的心態重視我的私人衣著與食物，甚至是餐桌上的擺設。我喜歡拿爺爺用後院的櫻桃樹親手雕刻的奶油刀，或是他親手製作的木籃盛裝我烤的麵包，這些都讓我感到無比的幸福。現今在市面上可以隨意買到任何東西，所以手工製品反而變成了一種奢侈。

麵包是一種集合歷史、故事性和手工藝的食物。更重要的是麵包不分宗教、種族和文化，能將人心結合在一塊。這樣解釋起來，我想我對烘焙與分享麵包的熱情也就很合理，一點都不奇怪了。

每次的交換麵包都是一次驚喜

在交換過的所有麵包中，我只有遇過一個絲毫不用心的交換，但值得慶祝的是，這在五年中僅發生過唯一的一次！其他所有參與交換的朋友都非常用心，我可以感受到大家都花費許多精神和力氣在準備交換計畫。回想起來，我真的很幸運可以與上千人一起見證這個計畫，大家都願意無私的將自己的某一個故事與我分享，或是特別為我量身打造一種經驗。比如說因為這個麵包交換計畫，我有機會上吉他課、在紐約市與知名主廚共用烤箱烘焙、到我連作夢都沒想過的地方旅遊，還有人幫我把總令我手足無措的腳踏車給修好。在這些人當中獲得的感動，顯得我專注為他人烘焙麵包只是件輕而易舉的事，因此總是帶著滿滿的感謝體驗每次的交換。

人有時很難接受不在自己掌控中的事情，也因為如此，每次的交換麵包都是一次驚喜。雖然往往不知道對方會帶什麼來與我交換麵包，但我每次都一定接受交易，任何事情都可能發生！

開始烘焙純粹是興趣，是為了滿足想吃好麵包的初衷

　　麵包交換計畫的誕生地柏林，是一個擁有無限創造力的城市，雖然金錢稱不上富裕，但當地居民仍以僅有的收入過著充足的生活。柏林的創意產業人士都具備好奇心，而且非常熱情的想要與他人分享，對他們來說商業與經濟回饋倒是其次。再者可能是因為缺乏金援或單純為了支持創意，以物易物的習慣一直深根在柏林人的生活中，使得柏林成為孕育這個計畫的最佳地方。開始烘焙純粹是興趣，是為了滿足想吃好麵包的初衷。當我終於駕輕就熟找到最佳做法時，我便將成果與朋友們分享，當然也是因為自己根本無法吃完那麼多麵包。藉由分享，我慢慢了解不同人對「好吃」的定義，直到麵包交換計畫展開，我才開始為了與人交易而烘焙麵包。

　　「妳為什麼不賣麵包呢？」是我每隔一個禮拜就會被問到的問題。但，你認為什麼是合理的價格呢？我每次只能烤兩條或四條麵包，每一條麵包需耗時約二十四小時，當然我手不是一直在揉麵團，但我那整天必須圍繞著麵包行動。晚上還要設多個不同的鬧鐘，每隔一陣子起床去翻動一下麵團。我實在很難替這個費時、費神的工作輕率設定某個價格。但可以確定的是，若要我以符合投資報酬率定價，並以個人的工時計價，我想絕對沒有人會願意花錢買這個麵包。

以物易物成了最佳的解決辦法，同時也帶給我們愉悅的滿足感

　　透過交換計畫得到的種種與我的麵包一樣，都無法以金錢衡量或計算。這些經驗對我來說，比地球上任何能買到的東西都難能可貴，是無價之寶。我得到了可以豐富人生的故事和與人相遇的機會。我很清楚如果這些麵包是被買賣交易的物品，沒有人會講這些故事給我聽。這些故事給了我金錢無法取代的靈感和思源，我做的麵包則將我的故事帶給其他人。如果世上真的有錢無法買到的東西，那就是交換計畫中大家所給予我最真誠的想法與建議，也是我烘焙麵包的動力。有時候市場價格實在難以標準化，使消費者不知如

何，甚至根本無法用等價金錢向他人購買物品。例如我花費在烘焙一條麵包的時間，或是你幫我手織那雙夢寐以求的襪子所需的時間和精神，這些都無法用金錢支付。這時，以物易物成了最佳的解決辦法，同時也帶給我們愉悅的滿足感。也許以我學商的背景，開創一個非金錢交易的計畫聽起來有點突兀，但對我來說其實一點都不會。在學校時，我主修行銷與系統管理，碩士論文則是分析探討小型創意產業，如何藉由建立系統組織壯大成為成功的企業。從這點來看，麵包交換計畫與我的學術背景其實相關連。有趣的是，直到計畫經執行多年，我才了解到兩者間的相同點。雖然麵包交換計畫是我的興趣，不是工作，但其實適用相同的經營方法。

換個角度從理論來看，我又更加相信與喜愛這個計劃。計劃中所需的平衡供給、雙方交易的互信概念，絕對會讓系統和社會交易理論學者感興趣。我和參與交換計畫的人過去都不認識，將來也不一定會有機會再相遇。簡單來說，這是要大家把握當下的互動。

麵包交換計畫純粹從分享的角度出發

麵包交換計畫是一個頗輕鬆的不記名組織，因此所有活動都是隨機舉行，參與的人不須簽署合約，參加時也不用抱著任何期待，單純只是場不拘形式的活動。即便你不照規矩也不會被懲罰，而且除了我之外，沒有其他人會知道。所以說，在一千個人中只有一個人投機利用這個計畫，的確很出乎我意料之外，也讓我非常好奇。

令人驚喜的是各種奇妙的巧合在計畫中持續發生，其中許多是意想不到的奇遇。有一次我在紐約遇到知名NoMad餐廳的丹尼爾‧霍姆（Daniel Humm），當時完全不曉得他是鼎鼎有名的大廚就傻傻的向他借烤箱。這個小插曲也告訴我們要敞開心房，具有相同態度的人很容易聚成一個正面的群體。我覺得計畫創始的宗旨相當重要，麵包交換計畫純粹從分享的角度出發，相對得到的收穫反而更加充實自己的人生。

Bartering 交換

金錢無法買到的東西

吉瑟拉・威廉斯（Gisela Williams）

這是將我們童年不花錢的興趣擴大的計畫

以物易物在我小時候是很常發生的事，我會與朋友交換貼紙，和哥哥交換萬聖節拿到的糖果，或是不買生日禮物，改做一頓早餐給媽媽吃。直到十歲我才驚覺金錢的用途，也是從那時起陷入名牌牛仔褲和polo衫的深淵，一副沒了這些身外之物便無法生存。那之後，我變得只會用錢來計算一切。

多年後我在柏林遇見了莫琳（Malin），也認識了她的麵包交換計畫。一時之間，小時候與朋友交換東西的回憶全湧入腦海中。這是將我們童年不花錢的興趣擴大的計畫。現在我四十歲了，帶著兩個小女兒生活在一個不熟悉的城市中，與陌生人以物易物交換各自手作的作品，不僅是取得物質，更富有意義和故事性。當你用自己精心製作的物品，換到另一個人同樣以誠意與愛心完成的東西，就像莫琳的酸麵包，最終能獲得物質無法取代的溝通、活力和友情。參與這個計畫的過程有點像突然發現一個秘密俱樂部，裡面聚集了一群各行各業卻想法類似的人，麵包交換計畫裡有律師、古典音樂家、時尚經理人、藝術家、媽媽、爸爸和鄰居。

當然，以物易物絕非新的貿易方式。歷史記載著穀類是古老社會中的貨幣，在文藝復興時期，歐洲的農夫會將麥穗送進穀物糧倉並取得收據證明。採用收據為交易貨幣在各地順利進行買賣，直到君主強制造幣，並統一貨幣價值，才逼得各地方政府停止這種交易方式。

網路是很適合陌生人交易和分享的媒介

身為文字記錄者，很幸運的我有機會到世界各地旅遊，足跡遍及阿根廷到印尼。在這些旅途中，我遇過許多類似麵包交換計畫這種剛起步的烏托邦式團體。我們的社會現正處於令人興奮的交叉口，世界上眾多引領風潮的創意產業者都在利用現代科技探討過去，並創造更美好的未來。工匠手作風氣在全球金融風暴前夕即重回現代人的生活，但直到最近才更全方位流行起來。

莫琳的計畫會如此引人注目，是因為所有參與者將各自的手工心血，不分國界以網路科技發揚分享，創建一個全球性志同道合的組織。

網路是很適合陌生人交易和分享的媒介。如果沒有網路群組，莫琳勢必無法接觸到這麼多完全不認識的人。在世界的某些角落中，網路的存在甚至開創一種贈送的經濟，人與人會在互信的情況下交換物品與服務，而且不會抱著要得到立即回應的期待。即便科技的發達拆散了一些社群，但網路也開創了許多國際性組織。事實上，現今社會正成熟到適合以物易物交易的時間點。許多人都認同我們應該要開始找尋另類的交易方式，因為現在的通用系統已經偏離聚焦社會的原旨。

莫琳選擇了一個較不尋常的方式讓大家得到她做的麵包，她拋棄了制式的金錢交易，逆向操作培養了一個以物易物的群體，而他們也像酵母般複數成長。她成功將嬉皮式的烏托邦文化帶入主流市場，帶著麵包毫無違和感的在時尚展示間與五星級飯店中出現。在這個凡事都被標上價格的世界裡，莫琳的選擇不標價，卻更加獨樹一格，這些麵包所擁有的價值絕不等於那些數字金額。

沒有人會天真的以為光靠一個麵包交換計畫便能彌補社會中的缺陷，但無論在小城或全世界，以物易物的基本原則能成功協助陌生人們搭建友情的橋梁。透過交換形成小社群這樣簡單的點子，確實已演變成帶給日常生活更多意義的秘訣。

我真的很幸運可以與上千人一起見證這個計畫，大家都願意無私的將自己的某一個故事與我分享，或是特別為我量身打造一種經驗。

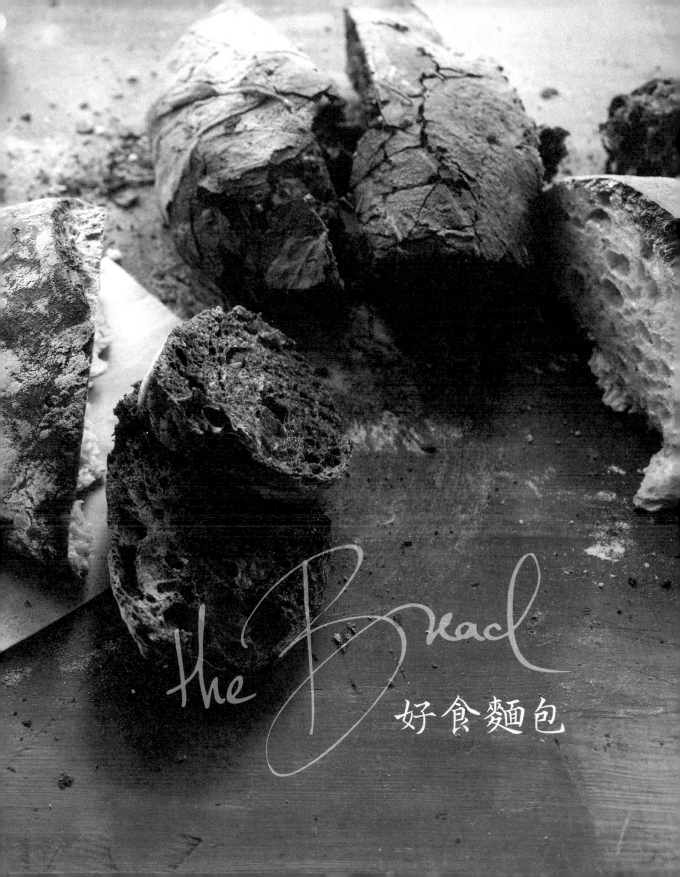

the Bread

好食麵包

自製好吃的麵包

酸麵包——吸引我學習烘焙的動力之一

　　要做出好的麵包其實需要的材料並不多，只要準備麵粉、水、鹽和用心。製作過程雖然很耗費時間，但當成品上桌，我們品嘗到的，將是無法取代的感動與成就感。

　　酸麵包（以酸麵團製作的麵包，在台灣也有人稱天然酵母麵包）的做法繁多，就像酸麵包烘焙師傅般多樣，這也是吸引我學習烘焙酸麵包的動力之一。製作過程中可以自由發揮，依照個人的口感喜好和生活步調而有調整的空間。這本書提供了我的酸麵包食譜，但記得，這是主觀且個人的。剛開始學習烘焙時，我花了很多時間研究與嘗試許多食譜與做法，最後終於找到最適合自己的方式，本書中便是我帶著遊走於世界各地的基本食譜。旅遊是我最好的導師，通常我會依照每個地方的環境做點改變。氣候和水都會因為地理位置有所改變，有些地方的水質比柏林的水還要軟，也就是說，自來水中的礦物質含量較少。另外，各地買到的麵粉也有所不同，麥麩（一種麥類的蛋白質）成分很有可能跟我慣用的麵粉不一樣。如果是在旅途中準備麵團，有時我會依照行程改變食譜中的步驟順序，材料與做法隨機應變，或依當下狀況調整。試著在食譜中添加自己的巧思，你會訝異於自己與食譜蘊藏的無限可能性。

你必須和酵母培養出一種默契，了解它的種種需求

　　烘焙麵包是很難用言語形容的一門藝術。野生天然酵母與商業酵母極大的不同點，在於它無法準確測量，一切得憑經驗和感覺。你必須和酵母培養出一種默契，了解它的種種需求。剛開始難免遇到挫折，但一陣子過後就會上手了，很快地，你會發現熟悉酵母的性情真的是製作酸麵團中的樂趣。

　　了解如何製作基本的酸麵包後，就可以開始無止盡的做變化。不過，如何

讓生活啟發烘焙，還是掌握在你自己手中，而生活方式一定會影響你烘焙的時間規劃。如果你像我一樣，執意在忙碌的日常中，塞進發酵加上烤麵包的時間，那你可能需要將食譜調整一下。你可以減去第一次發酵的幾個小時，將時間移至最後醒發的步驟。我常常需要這樣做，因為我每天的行程表都不一樣。做菜時，我會盡可能少用碗盤，因為我討厭洗碗！所以烤麵包正適合我，使用完廚房的磅秤後，只剩下清洗攪拌碗和我的雙手就搞定了。

市面上有許多很棒的參考書籍，如果你有興趣閱讀更詳細的製作過程，我推薦下列幾本：查德・羅伯遜（Chad Pobertson）的 *Tartine Bread*、理查・伯帝尼（Richard Bertinet）的 *Dough*，以及修・佛恩理–衛廷思塔（Hugh Femley Whittingstall）的 *River Cottage Handbook No.3*。這三本都在我的自學過程中幫助我許多。

另一個對初學者的建議，是投資購買電子磅秤，便可以用公克為單位計算所有材料。最理想的是找到能轉換公克與磅的電子磅秤，如此一來，你將可以輕鬆使用各國的食譜。做麵包時，我一定會將所有食材秤重，因為這是最精準測量麵粉和鹽的方式。開始烤酸麵包之前，我從來不用秤，但做麵包不同。食材分量的準確度會嚴重影響麵包成品的口感，我必須嚴守規矩，才能做出我想要的味道。當你習慣這樣精準的作業後，你會發現食材比例其實很好了解，而且之後要自己寫食譜也不是難事。

烘焙酸麵包

如果你喜歡化學課，也喜歡寫實驗手記，可以考慮製作一本烘焙手札，記錄學習做酸麵包的過程。二〇〇五年的瑞典流行烤酸麵包，許多像我一樣對麵包有興趣的初學者都是自學，反覆實驗食譜。其中一個令人記憶深刻的例子，是斯德哥爾摩的一位新手爸爸，他在陪產假時開始嘗試烘焙酸麵包。他曾在媒體行業工作，所以也就自然的開啟一個部落格，記錄自己的新樂趣。酸麵包烘焙迅速吸引大家的注意，相關部落格也越來越多。

酸麵包烘焙隨後在二〇一〇年成為流行趨勢。類似的情形在一九九〇年代的舊金山已發生過，那時野生天然酵母麵包爆紅。對喜歡科技與美食的舊金山人而言，這種麵包正好符合他們的口味。

有些人說，麵包師傅與麵種的關係，就像媽媽與小寶寶的親子關係，這其實意味著要尊重與了解你的麵種，並滿足其需求。如同對待孩子，不要過度關心，也不用與沒有麵種的人過分談論。有些麵包師傅與他們的麵種有著特別的情感，經常有人問我是否為自己的麵種取名字，答案是沒有。我可能會稱它為聖經記載的嗎哪（Manna），因為它誕生在西奈沙漠。但我不會將它擬人化！我對烘焙麵包的熱愛，是科學也是情感。烘焙時的心態介於分析式科學家或技術學者，和全心全力的感性麵包師傅之間。我想了解烘烤過程以及每個步驟，但同時對酸麵麵種也有情感上的聯繫，畢竟我們一起走遍世界。

為什麼是酸麵包？

研發商業酵母的目的，是為了給麵包師傅更多控制麵團的權利和效率。用天然酵母製作麵包的過程繁瑣許多，是對麵包師傅的挑戰。雖然如此，我還是偏好用天然酵母酸菌種來發麵團。自然的酸麵團會賦與麵包獨特的質地與味道層次，是商業酵母無法取代的。再說，用商業酵母製作的白麵包比較不健康，裡頭可加速發酵的人工添加物是有害的。

人體比較不容易消化短時間發酵的麥類麵粉。天然酵母經長時間發酵產生的升糖指數較低，比起使用商業酵母製成的麵包，我們的身體較容易吸取養分。酸麵麵種內的乳酸菌產生的有機酸，有助於激化小麥內含的酶。酸麵包的發酵過程會分解麥麩，讓它比較容易被人體消化。另外，發酵過程也會摧毀一些普遍認為是造成麥麩不耐症主要原因的縮胺酸（Peptide）。許多人認為多吃白麵包不好，但其實人類的胃能更容易的消化自然發酵的麵包，我們的生理反應明顯與吃到商業酵母所製的白麵包有所不同。只要是按照天然原理製作，麵包可以是健康的。

開始的第一步

　　無論身在世界何處，你都只需要少少的器材，就可以開始製作酸麵包。旅行時，我總是隨身攜帶基本的烘焙工具組：鹽、亞麻布、木製砧板、麵團專用發酵籃、烘焙用石頭烤板、麵團刮板、溫度計、秤、大的攪拌碗、一個裝2～4杯（1/2～1公升）份量，帶有蓋子的罐子。

基本食材

　　當需要的原料越少，你越該重視每項原料的品質。這是生活中服裝、室內裝潢與所有家常菜餚全都有的簡單共同點。

　　選購食材時，最重要的是要買到所能找到的最佳麵粉。雖然成本比較高，但這關乎麵種、麵團和麵包的味道。旅遊時，我會盡量買有機麵粉。買麵粉時，第一件事就是檢查包裝上的標示，我要的是純磨製小麥。菌種裡的微生物會優先尋找穀物的外殼作用，而這只有在全穀物磨製的麵粉裡才能找到。這也是使用全麥麵粉比較容易培養麵種的原因。

　　與其花錢購買礦泉水，我通常都直接使用自來水，當然我會先確認水中不含化學添加物或雜質。如果你在出產天然泉水的地區，也可以買罐裝水試試。每個地方的自來水，不管軟硬水，水中的礦物質一定都會改變麵團的質地。這些通常都是可以用測試來解決的問題，所以我每次旅行時，都要稍微改變食譜的比例。

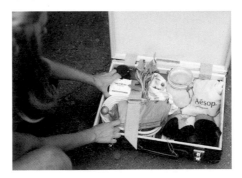

　　我做的麵包要加鹽，那要選擇哪種呢？我自己喜歡用粗顆粒的海鹽。我更要感謝麵包交換計畫的朋友，從世界各地帶給我不同的鹽，讓我有幸實驗各種厲害的鹽：從來自冰島雷克雅內斯半島（Reykjanes Peninsula）的鹽、喜馬拉雅山與秘魯玫瑰岩鹽，還有最細緻的澳洲莫瑞河（Murray River）雪片鹽。我曾經用麵包交換到由一對母子在他們薩丁尼亞（Sardinian）避暑房子外的岩壁上採收的粗獷海鹽。我必須誠實的說，麵包吃起來並不會特別不同，但知道這些鹽背後的故事，確實會讓品嘗麵包的感受更深刻。當然，我可以保證即使是用普通的鹽，你做的麵包也會很好吃。

我的酸麵麵種之路

　　製作酸麵麵種的一個好處是，你只需要一次工序，之後便能無數次重複使用同一個麵種。我個人已經仰賴同一個麵種八年了。只要好好照顧這個麵種，你可能再也不用重新從頭開始培養麵種，而且你的麵種很有可能活的比你還久。我還蠻喜歡這個論點的，就像小時候我與哥哥養了寄居蟹當寵物，我們認為牠們會活得很久，也許還會跟我們一起搬到養老院呢！好險，值得慶幸的是我照顧酸麵麵種的能力比養寄居蟹強多了！

　　一個酸麵麵種只靠麵粉和水，放置幾天後即會自然開始發酵，你可以添加一些糖份來加速這個過程，像是蜂蜜或是幾塊蘋果。

　　一開始烘焙時，我習慣做我的裸麥酸麵包。完成後的麵包口感有嚼勁、味道獨特，是值得信賴的食譜。每次烤出來的麵包都很不錯，帶有微微的酸度、很扎實，並且可口。我完成的第一條酸麵包就像一匹駿馬一樣，既強壯又結實。

　　然而很快的，我開始厭倦一成不變只做一種麵包，也感到無趣。我開始試驗我的小麥麵粉酸麵麵種。這麵種的生長速度很快，但卻喜怒無常，在大部分的時間中精力非常充沛。某些晚上，麵種活潑到當我起床時，它已經發酵

佔滿整個廚房的水槽了。雖然拿捏不定，但用這種麵種做的麵包不但很漂亮，咬起來也很輕盈。我想這種個性似乎比較像純種阿拉伯馬。對初級的麵包烘焙者來說可能聽起來有些瘋狂，但我想我的兩種麵種分別是純種的阿拉伯品種或是精壯的阿爾登輓馬。

　　從我的食譜中你會發現，我通常是用小麥麵粉酸麵麵種來發麵團。依我的經驗做比較，通常小麥麵粉酸麵麵種，比裸麥麵粉酸麵麵種還要難從零開始培養。但幸運的是，你可以很輕易的用裸麥麵粉酸麵麵種來協助發酵小麥麵粉酸麵菌種。這也是為什麼我會先告訴你如何做裸麥麵粉酸麵麵種，然後你再把它變成小麥麵粉酸麵麵種。以上就是我烘焙路程的開始。

開始培養麵種

麵種是經由培養而成，過程其實很簡單，用麵粉和水混合的麵糊開始發酵。從乾濕兩樣食材攪拌在一起的第一時間，藏在麵粉和空氣中，以及你手上的微生物，就會產生作用。你可以用一般的中筋麵粉，但如果使用不含添加物、無漂白的有機麵粉，更能增加麵種成功的機會。最理想的狀況是使用全麥麵粉。

你的目標是要培養出乳酸和乙酸菌，它們會使麵種變酸，並吸引野生酵母使麵團膨脹。如果成功的話，會使麵團變得很酸，細菌或黴菌都無法在其中生長。

接下來，我會解釋製作麵種所需的材料和份量。老實說，我的第一個酸麵麵種其實是在沒有精準測量下開始的。當時人在西奈沙漠，手邊完全沒有磅秤或量杯，但麵團還是成功發酵膨脹。有數據份量的好處，是能夠比較清楚知道麵種在每個步驟應該呈現的樣子和濃稠度。不過說到底，麵種就是麵粉和水，而我所給的只是大概的數字，絕對不要因此被侷限。

裸麥麵粉酸麵麵種

第一天至第三天：將1/2杯｜120公克溫水（約105℉｜40℃）和1/4杯｜30公克裸麥麵粉倒入一個寬口罐中。這個罐子必須能放得下發酵後膨脹五倍大的麵團。用雙手直接在罐子裡混合兩個材料。將蓋子輕輕覆上，讓空氣可以流通。將罐子放在一個比平常室溫稍微熱一點的地方，但不要超過85℉｜29℃。

讓罐子在不被打擾的情況下靜置約三天，發酵真正需要的時間會因氣候而變化。第一天，你可以完全不理會麵糊，但第二天試著聞一下並淺嚐味道。當你習慣試吃或試聞麵糊後，你將會更理解麵種的不同情緒，也會讓烘焙時

更加順手。我知道這聽起來不是很具吸引力，但學習感受麵種的狀態，會讓你們之後合作愉快。第三天時，在麵糊裡加入1大匙麵粉，攪拌均勻。

第四天：這時的麵糊應該正在罐子裡忙碌作用著。早上，加入1/2杯｜60公克裸麥麵粉和1/2杯｜120公克溫水（約105℉｜40℃），攪拌均勻。

晚上，發酵作用應該開始了。如前面所說，試吃和試聞是測試的最佳方式。這時的麵糊嘗起來會帶有很強勁的酸味，也絕對會聞到燻人的乳臭味。如果達到這個標準，將罐子裡大部分的麵糊倒掉，只要留下1/4杯｜50公克在罐中。如果還沒這麼成熟，就再等一晚，隔天早上再檢查並重複上述動作。下一步加入1/2杯｜60公克裸麥麵粉和1/2杯｜120公克溫水（105℉｜40℃），並攪和在一起。

第五天：現在麵糊應該已經膨脹到即將塞滿整個罐子，並呈現泡沫狀及帶有氣泡，酸麵麵種完成，一切就緒就可以用來烤麵包了。接下來的食譜中會仔細解說製作酸麵團所需的具體麵種份量。另外，這也可以拿來當作小麥麵粉酸麵麵種的基本材料。假如你不是立刻要烤麵包，一定要將酸麵麵種放入冰箱冷藏保存。

製作小麥麵粉酸麵麵種

第一天：將1大匙裸麥麵粉酸麵麵種、5大匙｜80公克溫水（約105℉｜40℃），以及1/2杯｜80公克有機全麥麵粉或無漂白中筋麵粉全倒進一個16盎司｜480毫升的罐子中。將蓋子輕輕覆上，不需要完全密封，放置在一個溫暖的空間。當麵糊表面因為氧化開始冒出氣泡時，再進行下一個步驟。

第二天：將罐內一半的麵糊倒掉（沒錯，將那一半丟進垃圾桶處理掉），拌入5大匙｜80公克溫水（約105℉｜40℃）和1/2杯｜80公克有機全麥麵粉。將蓋子蓋上，不用鎖緊，放置一晚。隔天早上發酵持續進行，而你的酸麵麵種即可開始使用。如果沒有要立刻製作酸麵麵團，可以將酸麵麵種先放置冰箱中冷藏保存。

Tips

有時酸麵麵種在發酵中會出現問題，以下有幾個方法也許可以補救回來：

◇倒掉大部分的麵糊，留下1/4杯｜50公克，再次從第四天的步驟開始重複。

◇換一種麵粉。有時候你可能只是運氣不好，買到不夠新鮮或品質不好的麵粉。這時就再開一包新的試試！我一向選用有機麵粉來餵養發酵中的酵母菌。

◇一定要有耐心。我第一次在柏林共花了三個星期才成功培養出健康快樂的酸麵麵種。有時就真的沒轍，一試再試，有耐性總是會成功的。

◇如果你所在的地區比較陰冷，試著找一個溫暖的空間。在西奈時，我將罐子綁在馬背上，一邊騎馬一邊讓太陽直射麵種。在柏林的公寓裡，我則在暖氣旁人工搭造專門放罐子的角落。通常每個冰箱上方是廚房裡較溫暖的地方。

◇千萬別把麵種留在外面卻忘記養它。保持麵種新鮮度的訣竅，就是要不斷餵養它，不要把麵種遺忘在廚房檯面上。如果你不小心拿出來又忘了餵養它，可以將罐中百分之八十的量倒掉，加入5大匙｜80公克溫水（約105℉｜40℃）和1/2杯｜80公克麵粉，然後靜置隔夜讓它發酵。重複這個步驟直到恢

復到第四天的狀態（嘗起來帶酸味、聞起來有酵母味）。

◇雖然麵種的培養與冷藏保存不受期限限制，但是麵種一旦閒置太多個星期沒有使用，還是有可能無法再用。如果你確定會有一陣子不烤麵包，還是別忘了一星期固定餵養一次。每次將罐中百分之八十的麵種倒掉，加入5大匙｜80公克溫水（約105℉｜40℃）和1/2杯｜80公克麵粉攪拌。放回冰箱中冷藏直到下一次餵養，或者是要準備做麵團時再拿出來。

本書中所有白麵包都是從同一個酸麵包食譜（參照p.54）演變出來。通常我會依照所在地區增減材料，但基本的酸麵包食譜不會改變。只要成功掌握這個食譜，便可以盡情嘗試各種變化。此外，我也會提供幾個時常做來參與「麵包交換計畫」的麵包口味。但我的摯愛還是原味酸麵包，尤其喜歡塗上厚厚的一層有鹽奶油。

製作麵團

首先，將食譜中指示的水、麵粉、酸麵麵種和任何其他調味料一起加入一個大碗中。接著，直接用一支叉子或湯匙混合所有材料。麵團在這個步驟時還不需要太滑順，只要將全部食材都攪和在一起就可以了。你會發現這時的麵團是黏稠的。製作過程中，麵團應該保持柔軟，如果太硬，就再加入1小匙水。同樣地，如果太濕黏，就加入1小匙麵粉。

將麵團靜置一旁至少三十分鐘，或最多一小時。第一次鬆弛讓麵團裡的麥麩有時間延展，減少甚至避免接下來揉麵團所需的次數和時間。這個步驟在我剛開始學烤麵包時，幫助我訓練耐性。我不是很喜歡長時間揉麵團，而且更沒有隨身攜帶攪拌機的習慣。另外，在旅行時做麵包，很困難的一點是找洗手的地方，所以這個免揉麵團步驟的確再適合不過了。

接下來，一邊加入鹽，一邊將麵團從邊緣向中心摺，重複這個步驟四至六摺。之所以用摺來取代揉捏，是為了讓麵團更具有彈性，這樣烘烤時麵團比較能保持形狀。

我通常會讓麵團再次鬆弛三十分鐘至一小時，然後重複將麵團由外往內摺四摺。接著，再次讓麵團鬆弛同樣的三十分鐘至一小時。在接下來的四個小時，重複從外向內摺的步驟三至四遍。每摺一遍，便用保鮮膜覆蓋住碗（休息一下），避免麵團表面與過多空氣接觸而導致硬化。完成最後一遍後，用保鮮膜包住麵團並放置一旁。最後這次的鬆弛時間會因當下的室溫和加入麵

團的水溫而改變。通常我會讓麵團隔夜發酵，儘量將室溫維持不超過65℉｜18℃。夏天因為氣溫較高、很難控制晚上的溫度，我會設定清晨的鬧鐘，起床檢查麵團。如果已經有足夠的溫度，我會將麵團移到涼一點的角落，完成最後發酵。

麵包整型

老實說，要我提供一個麵團可以整型的明確時間有點難。假設你使用高品質麵粉、活性的麵種，就只剩下時間的拿捏了。還記得當初開始學做麵包時，對這種模糊不清的解釋感到很挫折，但是現在我也沒辦法更準確說明，的確要憑感覺。我能給你最好的建議，便是藉由多練習來熟悉麵團的觸感。如果麵團自然鬆塌、表面不再緊繃，或是裡頭帶有氣孔，就表示它已過度發酵，你必須拋棄它，重頭開始了。

別不好意思，用手指直接戳戳麵團吧！麵團的觸感不應該太硬。如果它還很緊實，就表示還需要一點時間發酵，再等一下吧！當手指輕輕壓下去，表面會留下凹洞，麵團就可以轉換到發酵籃中。先在工作檯面鋪上一條亞麻布，再撒上些許一比一混合的在來米粉和小麥麵粉，防止麵團沾黏。我最喜歡用以前在舊貨市集找到的麻布，那時買了一大塊回家裁剪成適合在廚房使用的大小，或是有時也會用奶奶送的漂亮亞麻布。之所以使用麻布，是因為它不像棉布那麼容易附著在麵團上。接著把麵團放在麻布上，從側邊往中間摺四摺。重複三遍後，麵團表面應該正好達到平滑、有彈性的狀態。

發酵過程

我通常會連同摺麵團的麻布與麵團一起放入墊著另一片麻布的發酵籃內。當然，你也可以在籃子內撒上滿滿的麵粉，直接放入塑型好的麵團。在籃子蓋上一塊乾淨的布後，又該讓麵團休息一下了。視溫度變化情形，麵團會需要一至四小時，甚至更久的時間發酵膨脹。

如同之前的步驟，這個階段的發酵還是與你所在空間的溫度緊緊相關。我從來不測量麵團本身的溫度，畢竟用目測和觸感觀察麵團是烘焙過程中有趣之處。初學嘗試時，一定會因為不夠了解麵團而感到挫折，但當你熟悉作業，就可以輕易依照自己一天的行程來調整溫度，改變發酵時間。如果今天你需要出門一段時間，或是希望晚餐桌上有剛烤好的熱麵包，就可以把麵團放入冰箱進行最後發酵，這樣在低於室溫的溫度下，才好控制發酵速度。有時我會把麵團放在冰箱裡八到十小時，也曾在氣候許可時把麵團留在陽台上慢慢發酵。因為每個麵團都不一樣，要我給一個確切的完整發酵時間真的不容易，這一切都要靠自己和麵團培養默契。我曾發現冷藏發酵的麵團烤出來的味道稍微酸一點，但這剛好合我的胃口，所以我常常會選擇冰箱這個可靠的選項。

烘焙

初學時可以嘗試將麵團在尚未完全發酵、完整膨脹時，就先放入烤箱。經過多次試驗，你會更加清楚麵團在每一個階段的表現。如此一來，就會知道將麵團放入烤箱的最佳時機。

在廚房設備方面，不一定需要有高科技的烤箱才能烤麵包。我的瓦斯烤爐除了烤麵包和烤出麵包酥脆的外層都不怎麼好用。但如果你跟我一樣喜歡讓麵包穿上硬硬脆脆的外衣，那麼烤箱一定要可以達到至少480℉｜250℃。

我習慣將麵團放在一塊烘焙用石頭烤板上送進烤箱，這是烤出麵包酥脆外表的重要得力助手。我甚至會帶著我的烤板旅行，也曾送烤板給朋友，這樣我在他們家烤麵包時就能派上用場！當你看到麵團已經膨脹，很快可以進烤箱時，即可開始預熱，大約需要四十分鐘。我的瓦斯烤爐加熱的速度非常快，這也是完全烤熱石頭烤板所需要的時間。我都把石頭烤板放在最底層烤架的中心點。我會將一個最老舊的烤盤放在烤箱底層墊底。如果你沒有石頭烤板，可以將平烤盤放入烤箱一起預熱。

如果家中有麵包鏟，先在鏟上鋪一張烘焙紙。（如果沒有麵包鏟也沒關係，可以用一片薄的沾板或平烤盤代替，只要夠大能支撐麵團的平面面積都可以，就連大鞋盒的蓋子也可以）。接著，將麵團從發酵籃中移到紙上。通常我會將麵團分成兩塊，因為這個尺寸的麵包對我家的人口比較合適。烘焙紙也可以用厚厚一層麵粉或玉米粉代替，只要最後可以輕易將麵團滑上石頭烤板就對了！

放進烤箱前，也可以在麵團表面用銳利的尖刀劃上幾條。這動作可有可無，完全是為了裝飾，有點像在藝術品上簽名。老實說，我通常都懶得畫。

用麵包鏟（或是砧板、平烤盤、鞋盒蓋）將麵團滑送上烤箱裡的石頭烤板或烤盤。接著，在烤箱最底部的老舊烤盤裡倒進一些水，約1/2杯｜120毫升。執行這個步驟時要越快越好，儘量維持烤箱的溫度，避免熱氣流失太快。在底部的烤盤加水，是為了讓家用烤箱模仿專業烤箱的蒸氣功能。烘烤時，熱度會讓注入的水形成水蒸氣，幫助麵團膨脹和烤出酥脆的表層。

麵團進入烤箱後的前十分鐘一定要有耐心，不可打開烤箱門。這時要讓麵團進行最後一次鬆弛。十分鐘過後才可以開門，但記得，一打開就會馬上流失所有烤箱內的熱氣。如果想要烤出深色、焦糖化的表層，就得將烤箱溫度維持在480℉｜250℃繼續烘烤。如果想要淺咖啡色的麵包，可以在這時將溫度降低到425℉｜220℃。

經過二十分鐘後，在剩餘的烘焙時間裡，必須翻動麵包一至兩次，讓表面都能均勻上色。確切的烘焙時間取決於烤箱，還有你喜歡外殼顏色的深淺。有些烘焙書會建議測量麵包中心的溫度，但我從來不這麼做。有個測試熟度的好方法，就是取出一個麵包，快速彈一下底部。在烘焙過程中，麵包大約失去了百分之二十的水分，如果聽得到空心的聲音，就表示麵包熟了。如果我不確定麵包是否完全熟了，我會多烤幾分鐘，畢竟我寧願有較硬的外殼，也不喜歡軟軟的中心。

品嘗

　　我私心地認為，世界上沒什麼食物比剛出爐的麵包配上高品質的有鹽奶油還要好吃。不過，最好吃的酸麵包其實是從烤箱拿出來冷卻幾小時後再切片那種。我喜歡的酸麵包是室溫比新鮮出爐的味道還要好。審核好的麵包的最嚴格標準，就是隔天吃的時候還是與出爐當天有著一樣的味道。

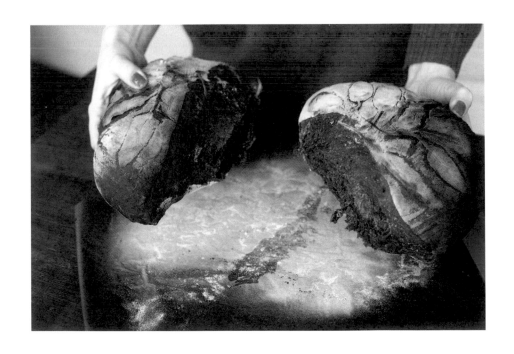

簡易酸麵包 My Simple Sourdough Bread

　　這是我用來做麵包的基礎食譜,所有口味都由此麵團延伸而出。這個食譜完整呈現最原始的味道,品嘗過後你就會了解,為什麼古早的手工麵包這麼值得我們留戀。有了這個麵包,只要搭配上很香醇的有鹽奶油,就成為我最愛的簡餐。你也可以在麵團裡做點變化,加入喜歡的橄欖或核桃。即便如此,我始終相信,這麵包之所以如此美味,是因為純粹的原味。不管是現在或以後,這條麵包永遠不需要多餘的添加物來陪襯。

一份食譜為2條麵包

材料

小麥麵粉酸麵麵種(參照p.46)1/2 杯│100公克
溫水(約105℉│40℃)1 1/4杯│300公克
有機無漂白中筋麵粉3杯＋3大匙│400公克
鹽2小匙│11公克
在來米粉(Rice Flour)1/4杯│25公克
任何一種麥類麵粉1/4杯│30公克

Tips

◇ 用來磨成粉的米品種不同,多少會影響用量。
此處則忠於作者的配方份量。
◇ 欲了解更多詳細做法,可參照p.49～53。

做法

1. 在一個大攪拌碗中混合酸麵麵種、溫水、中筋麵粉，用保鮮膜蓋上，讓麵團靜置鬆弛三十分鐘至一小時。

2. 在麵團上撒鹽後摺四摺，直到鹽均勻融入，麵團表面開始緊實。再次讓麵團靜置鬆弛三十分鐘至一小時，然後在接下來的二至三小時內摺二到三遍，每摺一遍便用保鮮膜覆蓋住碗（休息一下）。完成最後一遍，將麵團留在室溫中四到六小時發酵，溫度不可高於65°F｜18°C。

3. 用手指輕輕按壓來測試麵團的彈性，如果表面緊繃，按下去會留下小凹槽，就表示麵團可以送進烤箱了。準備好麵團後，在工作檯面鋪上一條麻布。在一個小碗中混合在來米粉和另外的1/4杯｜30公克中筋麵粉，接著將粉撒上麻布。把麵團從碗中取出放到布上。將麵團由外往內摺四摺，重複動作三遍（每一遍麵團要休息一下），總共十二摺。

4. 把摺過的麵團與麻布轉移至發酵籃中，在上面蓋一片乾淨的布。讓麵團在室溫發酵膨脹約一至四小時，或是放入冰箱八至十小時，有時麵團甚至需要更長的時間。

5. 等到麵團膨脹得差不多時，即可開始預熱烤箱。把一塊石頭烤板或平烤盤放在最底下的烤架上加熱，烤箱最底層用老舊的烤盤墊底。將烤箱溫度設在480°F｜250°C，預熱四十分鐘。

6. 在麵包鏟上鋪一張烘焙紙，把麵團移到紙上，將麵團分成兩塊。這時也可以在麵團表面劃上幾刀。

7. 把麵團和烘焙紙用麵包鏟滑上已預熱的石頭烤板。在烤箱底部的烤盤內倒入約1/2杯｜120毫升水。如果想要烤出深色、焦糖化的表層，繼續將烤箱溫度維持在480°F｜250°C。如果想要淺咖啡色的麵包，先以相同的溫度烤十分鐘，接著將溫度降到425°F｜220°C。

8. 二十分鐘後檢查麵包外層是否已呈現褐色，將麵包前後對調。十分鐘後再次翻動麵包，這樣一來，麵包表面的色澤才會均勻。四十分鐘後，取出一個麵包，彈一下底部。如果聽得到空洞的聲音，表示麵包熟了。如果麵包聽起來還是實心的，再放進烤箱烤五分鐘，每五分鐘拿出來敲敲看，直到聲音聽起來是空心的。把烤熟的麵包放上冷卻架散熱，等麵包降至室溫時就可以切片。完整未切開的麵包可放入紙袋保存，室溫保存二至三天。

香烤核桃麵包 Toasted Walnut Bread

　　在所有吃過和烤過的堅果麵包裡，我最愛的還是核桃麵包。吸引人的不只是麵包本身的味道，它也是個很漂亮的麵團。麵團的深紫色來自核桃裡的鞣質，也稱作單寧。當你在發酵過後檢查麵團時，可以發現紫色的大理石花紋。一條好的核桃麵包裡絕對不能缺少香烤有機核桃，雖然說成本很高，但一定吃得出不同。我最喜歡這麵包搭配上一塊好的藍紋乳酪，像洛克福乳酪（Roquefort Cheese），不過只加奶油也很棒！

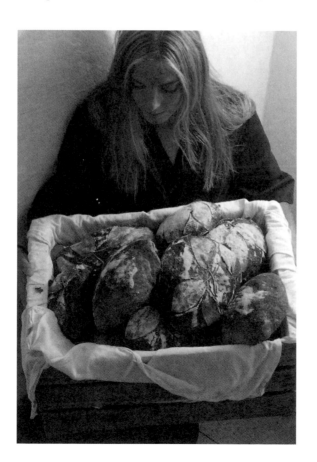

一份食譜為2條麵包

材料

簡易酸麵團1份（參照p.54）
核桃1 1/2杯 | 150公克

做法

1. 先依照簡易酸麵團食譜步驟發酵麵團，在第一次摺的發酵階段撒上鹽後，開始準備核桃。你也可以事先備好核桃。如果你要烘烤核桃，把核桃放在一個烤盤上送進烤箱，將溫度設在400°F | 200℃。每四、五分鐘翻動烤盤上的核桃以防燒焦，當你聞到核桃的味道且核桃表面呈現金褐色澤時，就表示完成了。也可以直接用鍋子在火爐上香煎，用中火將核桃炒到金色。冷卻香烤核桃，用刀子剁成塊狀或是像我用手將核桃剝成一半，也可以整顆放進麵團。

2. 最後一次摺麵團時，加入全部核桃，小心把所有露出來的核桃塊推進麵團裡。繼續依照麵團食譜完成後續步驟，放進烤爐烘烤。把麵包從烤箱拿出後，放上冷卻架降溫，等麵包降至室溫再切片。完整未切開的麵包可以放入紙袋保存，在室溫下保存二至三天。

麵包交換計畫招牌酸麵包
The Bread Exchange Sourdough Bread

我第一次在巴黎烤這個麵包時，正與英國時裝品牌彼得・詹森（Peter Jensen）共用一個展示間。彼得公司的同事，也是我的朋友傑拉德・威爾森（Gerard Wilson），跟我對烤麵包有著同樣的熱誠，所以那年我們決定不請外燴，將自己烤的麵包給客戶享用。

有一天晚上，我突發奇想地用與一位南韓麵包交換計畫的朋友交換來的食用黑碳粉，為麵團染色。我的媽媽都用這個方法使用番紅花粉的顏色。這個技巧需要用一點水分來幫助粉末融入麵團。我習慣用幾滴蘭姆酒或伏特加來滋潤，但任何酒精都可以用。如果你不想用酒，也可以直接以水混合黑碳粉。就算粉末沒有完全混合，成果還是會很有特色。隔天早上，我的麵團有了貴氣的灰色，不但跟前一天一位法國客戶送的果醬很搭配，也正好是傑拉德・威爾森春季設計的顏色。當傑拉德一早走進廚房，看到麵團在攪拌碗中發酵時，他馬上很英國紳士的拍手叫說：「噢！這麵團是完美的迪奧顏色！」

這個上面用鼠尾草葉子裝飾的麵包，已成為麵包交換計畫的招牌麵包。這已經是我最常烤的麵包，也是最多人點名要交換的麵包。就跟平常的原味酸麵包一樣，搭配任何配料都很好吃。配色上與燻鮭魚、甜菜慕斯或任何水果果醬，都是既美麗又美味的組合。我很喜歡黑碳粉不會大肆改變麵包本身的味道，有些人甚至說根本吃不出來，但也有些朋友說會嘗到一點不同的味道。

我個人覺得黑碳粉會稍微減輕麵包的酸度，但當我與麵包交換計畫的成員用盲飲方式進行味道測驗時，發現是顏色影響我們對味覺的判斷。食用黑碳粉在天然食品店或網路上都能買到。

一份食譜為2條麵包

材料

食用黑碳粉1小匙
任何廚房裡有的酒，蘭姆酒或伏特加，水也可以2小匙
簡易酸麵團1份（參照p.54）
鼠尾草的葉子2枝份量

做法

1. 在一個小碗內將黑碳粉與酒或水混合。
2. 把黑碳水混進準備麵團所需的溫水中，依照簡易酸麵團食譜步驟準備麵團與烘烤。

迷迭香枸杞麵包

Rosemery Bread With Goji Berries

　　雖然我小時候很討厭迷迭香,現在卻喜歡得不得了。迷迭香麵包是我做麵包的入門款之一。大家都知道這個小故事,所以我經常交換到迷迭香盆栽。到目前為止,我已經成功地把所有迷迭香都用光了!我喜歡將加入麵包的迷迭香切成粗糙的碎段,但有時我也會直接將葉子從梗上摘下,連切都不切,整葉加進麵團裡。

　　二〇一〇年,我用我的麵包與德國漢堡旁一家有機枸杞育苗園交換到一棵枸杞樹。以前我一直以為這種果樹僅限於亞洲氣候,但我發現柏林公園裡也找得到野生品種。你可能在鄰近地區找到野生枸杞,但做麵包時,還是儘量用有機枸杞才能確保裡面沒有滿滿的農藥。

　　剛開始接觸時,我大多是把枸杞打成汁或是加進什錦果麥穀片（參照p.130）,但我很快就開始嘗試把它加入烘焙。我研發的這個食譜所做出來的麵包很濕潤,因為浸泡過的枸杞含有大量水分。配上迷迭香的組合成為一個香氣撲鼻,看起來又非常溫暖的紅色麵包。我通常會將這個麵包與很多配料一起上桌,從煙燻火腿到像蒲林尼–聖皮埃爾（Pouligny Saint-Pierre）這種熟成羊奶酪都有。

一份食譜為2條麵包

材料

枸杞乾2/3杯 | 70公克
簡易酸麵團1份（參照p.54）
新鮮迷迭香，切碎11/2大匙

做法

1. 在一個夠大的杯子裡，將枸杞乾完全浸泡在水中，等到完全吸取水分。

2. 開始依照簡易酸麵團食譜步驟準備麵團，將溫水量減少至1杯＋2大匙 | 250毫升。

3. 完成第一次摺麵團後，枸杞乾應該已經吸飽水分了。將枸杞瀝乾。枸杞富含天然抗氧化營養素，我都會把浸泡的水留下來打成果汁喝。在第二階段摺麵團，把枸杞和新鮮迷迭香加入麵團裡。不要擔心麵團因為新添加的水分會呈現分解狀態，它會在緊接著的摺麵團和發酵過程中收乾。

4. 繼續依照麵團食譜指示完成後續步驟，放進烤箱烘烤。把麵包從烤箱拿出後，放上冷卻架降溫。等麵包降至室溫再切片。完整未切開的麵包可以放入紙袋保存，留在室溫二至三天。

芬蘭式家常麵包 Finnish Comfort Bread

　　我小時候最愛的麵包，是爸爸出差到赫爾辛基時帶回來的麵包。那是一種深色、很扎實、扁平狀的酸麵包，與我們在瑞典吃到甜甜軟軟的麵包完全不一樣。

　　還記得我都會切一整盤麵包給自己和弟弟吃，上面加上奶油乳酪和新鮮豆芽菜。那是我們共享的心靈補給家常美食。現在，這硬邦邦又扎實的麵包還是我的最愛之一。我從來沒有用這個麵包與其他人交換東西，反而曾經因為交換計畫從一位來自芬蘭的朋友那裡得到一條。到目前為止，這還是唯一有人拿來和我交換麵包的麵包。

一份食譜為2條麵包

材料

〈老麵麵糰〉
裸麥麵粉酸麵麵種（參照p.44）1/2杯｜100公克
水1/2杯｜120公克
全裸麥麵粉1 1/3杯｜160公克

水1杯｜240公克
裸麥麵粉酸麵麵種（參照p.44）1/4杯｜50公克
細裸麥麵粉，另外再多準備一些當撒粉用，
過篩後撒上麵團2 1/3杯｜290公克
海鹽2小匙｜11公克

做 法

1. **製作老麵麵糰：**在一個大碗中，將裸麥麵粉酸麵麵種、水、裸麥麵粉混合成一個很濃稠的麵團。將麵團蓋上，在室溫下發酵至少十二小時到兩天。在家時我都會花大約十四小時發麵。十二小時後，麵團應該會變得很軟、看起來有泡泡而且聞起來很酸。完成這個步驟後，你可以決定現在就送進烤箱，或是讓麵團再發酵一段時間，看你想要多強烈的酸麵包味道而定。

2. 在一個中型攪拌碗內混合水和酸麵麵種，慢慢將這個混合物摻進先前準備好的老麵麵糰裡。接著分次倒入裸麥麵粉，一次一點。將所有麵團移到直立式攪拌器混合，或是直接用手揉捏，時間約十分鐘。然後加入海鹽再揉捏五分鐘，最後讓麵團靜置鬆弛一小時。

3. 把麵團取出，放在撒過麵粉的工作檯上。將麵團對分成兩半，用一支刮刀把麵團對摺幾遍。現在麵團還是處於很黏稠的狀態，所以如果我在旅途中沒有適合的工作檯面，我會直接用手將麵團從碗中取出，放上一張烘焙紙。接著篩入滿滿的裸麥粉，覆蓋在麵團上。

4. 在麵團上蓋一塊廚房布巾，讓麵團發酵膨脹成為兩倍大。室溫所需時間約一至一個半小時，或是在冰箱內過夜（這會增加麵團的酸味）。我個人偏好麵包有酸酸的味道，所以會讓麵團冷藏過夜。

5. 把一塊石頭烤板或平烤盤放入烤箱一起預熱，將溫度設定為480℉｜250℃。預熱好後，將麵團連同烘焙紙滑上熱的石頭烤板。在烤箱底部的烤盤內倒入約1/2杯｜120毫升水，接著馬上將烤箱溫度降低至400℉｜200℃。烘烤約一小時，或是取出麵包測試時能聽見空心的聲音。如果想要外殼呈深褐色，延長烘焙時間到七十分鐘。把麵包從烤箱拿出後放上冷卻架降溫。等麵包降至室溫再切片。完整未切開的麵包可以放入紙袋保存，留在室溫下保存二至三天。

好食麵包
63

the Sinai 西奈

西奈沙漠有的是滿天的星星和過人的故事。

說到人類共同傳承的記憶，

許多人會說歷史上第一個麵包即是千年前在此誕生。

有些故事關中宗教信仰，聖經記載摩西率領他的人民離開埃及來到以色列。

路途中，人們被饑餓所困，直到上天賜予嗎哪（Manna）。

如同從天而降的麵包。

這裡則是我的故事：這個視繫在馬鞍上與我共同旅行的麵包菌種是如何開始的。

故事的源頭：西奈沙漠・埃及

麵包的發源地

事情常常都在我們出乎意料下發生。那時我想遠離柏林的都市生活，讓自己從忙碌的工作中喘一口氣，休息一陣子。我想要運動，又想要刺激，更想要獨處的時間。最後，我決定到西奈沙漠進行一趟騎馬之旅。

在那之前，我已經帶著酸麵麵種旅行幾年了，所以這次我要真正放假，體驗沒有酵母的假期。我答應自己不會在路途中烤麵包。這次半夜不會有鬧鐘叫我起床檢查發酵時間，更不會有裝著麵種的罐子破掉，毀了我的行李箱和衣服。酵母要乖乖留在柏林家中的冰箱。這就是我想像中父母出門度假不用帶孩子的自由。

這趟埃及之旅正符合我身心靈所需。我在寒冷的清晨四點鐘起床，跳上馬背，騎了一小時的路程到懸崖邊看日出。我和馬中午小憩一下，保留了足夠的體力在下午回家，我覺得那是我永不厭倦的感覺。不確定是什麼原因讓我又想烤麵包，也許是那個在沙漠裡騎馬的清晨。雖然空氣冰冷，但馬背上很溫暖，我把自己裹在一條毛毯裡。天空一片漆黑，卻清晰到我好像可以數出看得到的每顆星星。我不禁想到這是麵包的發源地。不知道為什麼，我總是深受過去的吸引，不管是實際歷史或他人浪漫的故事。

嗎哪（Manna）是天賜的麵包

望著面前永無止境的路程，我無時無刻想著自己正站在嗎哪的緣起地。這是以色列人在摩西引導下從埃及到迦南美地的路線。聖經的「出埃及記」（Exodus）訴說這群人們在西奈的曠野險些餓死，直到摩西尋求上帝的協助。兩千多年前，同一個沙漠中，摩西的追隨者們就在這裡採集一層罩住大地宛如白霜的甘露。以色列人稱它為嗎哪，從天而降的麵包。在沙漠中的四十年，嗎哪是他們的糧食，每天早上被陽光融化前採收。嗎哪不僅被記載在聖經中，古蘭經也提到甘露是阿拉借由摩西送給以色列人的食物。就像大多數

的事情，我們應該可以為這個奇蹟找到一個合乎邏輯的解釋，現在的科學家就有一些可能的解答。

身為兩個科學家的女兒，我知道相信科學不會讓我成為最有創意的人。畢竟科學根據通常都不是最好玩的結論。不過當下在黑暗中，騎在馬背上的我這次選擇相信嗎哪（Manna）是天賜的麵包，而且下定決心要測試我的理論。

主要食材：麵粉、水和一種適當的水果

隔天早上，我沒有回到馬鞍上，而是決定打破自己兩週不烤麵包的承諾，試圖在西奈徒手製作酸麵麵種。對於不是如此熱愛烤麵包的人來說，一定會覺得這是某種毒癮，其他酸麵包狂熱份子則會說這是經典的復發反應。也許是我太虛弱，無力抵抗，但我只是想要把握當下的特殊時機。

要製作一個酸麵麵種，我需要三種主要材料：麵粉、水和一種適當的水果。其實不一定需要水果，但它會幫忙加速促進酵母發酵過程。我向居住地的太太要了一個舊玻璃罐，然後就尋找材料去了。還好水果並不難找，我買了一個從敘利亞進口的蘋果。找適合的麵粉就不一樣了。在家，我熟悉的是小麥或裸麥麵粉的酸麵麵種，而且我的原則是選擇沒有添加物的麵粉。再者就是盡可能使用有機麵粉。但在西奈，能找到麵粉就很難得了，有什麼就用什麼囉！

我先將三分之一的蘋果切成細小碎塊，並混合進麵粉和水，接著把罐子放在馬德拉斯布（格子紋的薄棉布）旁後就睡了。一切發生得太快了，感覺就像變魔術。第二天早上一醒來，已經看到玻璃罐內黏有一些小氣泡。簡直令人不敢相信！我聞了聞味道，它聞起來帶有一絲橄欖的味道，應該是之前罐子殘留下的。雖然還需要一些時間才能完成，但至少我知道自己走在

正確的軌道上。倒掉大約一半的麵種後，又增加幾大匙的麵粉和相同份量的水，既然沒有磅秤，我只能靠目測。

我又想起嗎哪的故事，這一刻我真的相信奇蹟

那天晚上再次檢查罐子時，麵種已經變成泡沫狀，像極了綿密的巧克力慕斯。發酵時還發出搞笑的噗嚕噗嚕聲，現階段的麵種其實已經可以送進烤箱了。我對這個天然作用過程充滿尊敬和謙卑。同樣的製作手續在柏林家中需要花費約一星期的時間，在西奈沙漠卻只需二十四小時。我又想起嗎哪的故事，這一刻我真的相信奇蹟。

在埃及騎馬假期的最後幾天，變成停不下來的烘焙日子。我很慶幸獨自一人旅行，所以沒有人被我著迷的程度嚇到。我用自己的麵種做了一個麵團，然後尋找願意借我使用燒木炭的石爐的麵包師傅。我找到一間餐廳，心想這麼小的一家餐廳應該比較有機會同意讓我瘋狂一下。我把麵團藏在一條圍巾裡，就鑽進廚房準備說服廚師讓我借用烤爐。訝異的是年輕的師傅馬上就答應讓我使用廚房設備，並且跟隨我的腳步在廚房移動著。烤爐很燙，而我根本沒用過開放式烤爐，因此烤出來的麵包當然不夠完美，但它卻是真實的麵包。我感到無比的驕傲，並將麵包與招待我的甜美英國太太分享，當然還有陪伴我的馬兒們。

後來我在西奈培養的酸麵麵種發生了什麼事呢？經過在沙漠中的經驗，我很紀念那時候的心靈精神。我把麵種分成三份，將一部分留在沙漠，另一部分送給可愛的英國太太，那年她剛失去深愛的丈夫，也正在自助旅行。最後一份則被我帶回了柏林的家。

這個被我稱為嗎哪的酸麵麵種，是所有我烘焙過的，以及因交換計畫而製作過的麵包的媽媽麵種。

我希望能休息一陣子。我想要運動，又想要刺激，更想要獨處的時間。最後，我決定到西奈沙漠進行一趟騎馬之旅。

我第一次是在柏林見到妮可（Nicole），她用了一本美國龐克教母派蒂・史密斯（Patti Smith）的書《只是孩子》與我交換一條酸麵包。她將那條麵包帶回美國與她的家人分享。

半年後，我在紐約辦了一場聚餐，妮可也來參加並帶來了一盤埃及菜，那是她住在開羅的奶奶為他們的秘魯–埃及家族聚會所煮的。

方塊千層乳酪酥 Cheese Phyllo Squares

食譜由妮可・莎拉塞（Nicole Salazar）與泰塔・薩米菈（Teta Samira）提供

成品量24塊

材料

埃及式白乳酪（Gibna Domiaty）
或希臘費塔羊乳酪（Feta Cheese），
切小碎塊8盎司｜230公克
奶油乳酪（Cream Cheese）8盎司｜230公克
瑞可塔乳酪（Ricotta Cheese）12盎司｜345公克
乾薄荷葉，壓碎1大匙
冷凍千層麵皮（12×17吋｜30×43公分），退冰20張
融化的澄清奶油（視情況增加）8盎司｜220公克
帕馬森乾酪（Parmesan Cheese），磨碎2大匙
雞蛋1顆
室溫的牛奶1/2杯｜120毫升

做法

1. 烤箱預熱至350℉｜180℃。

2. 將4盎司｜115公克的白乳酪放入食物調理機中，打成光滑狀，加入奶油乳酪、瑞可塔乳酪、薄荷葉，繼續混合至均勻無顆粒。試吃看看內餡的味道，接著把剩下的白乳酪剝成一小塊一小塊分次加入，一邊啟動機器攪拌並試吃，直到達到喜歡的鹹度。

3. 小心將一張千層麵皮鋪在一個13×18吋｜33×43公分的烤盤上。在麵皮上刷些融化的澄清奶油，先從角落往內刷，再順著邊緣刷過一圈。迅速的再疊上一張麵皮，確定完全鋪平後再刷上澄清奶油，重複以上動作至疊放十張麵皮。將尚未使用的麵皮用濕毛巾蓋住，避免乾掉。

4. 用湯匙把前做 2 法乳酪內餡舀到最頂端的麵皮上，均勻抹平，在麵皮最外圈保留約1/2吋｜1.2公分不要抹內餡。在乳酪內餡上撒上磨碎的帕馬森乾酪，接著再疊上一張麵皮，再次刷上澄清奶油，重複之前的動作，直到用完剩下的九張麵皮。

5. 在最上層的麵皮刷一次澄清奶油，直接放入冰箱冷藏十分鐘，等到最上面的澄清奶油凝固後再進行下一個動作。

6. 將麵皮輕輕切成二十八等分的小方塊，尺寸約3×3吋｜7.5×7.5公分。在一個小碗中，快速的打發雞蛋與牛奶，淋上麵皮，確定覆蓋過每個方塊。用刀子再次劃過先前的痕跡，讓蛋汁吸收。

7. 放入烤箱烤四十至五十分鐘，或者是表面呈金黃色澤，而且底部也全熟。趁熱上桌享用。

TIPS

◇ 如果想要事先準備，在放入冰箱、表層的澄清奶油凝固後，用保鮮膜將整個麵皮包覆住。備好料的乳酪酥最多可以在冰箱冷藏保存三天再烤熟。

◇ 準備內餡時，如果沒有食物調理機，可以用叉子與攪拌碗代替。雖然相較下操作的時間比較長，但在攪拌的過程中，乳酪也會因為長時間在室溫下而柔軟。

Berlin 柏林

麵包交換計畫的晚餐聚會：柏林·德國

柏林豐富的歷史正是吸引我的主要原因

我是在二○○○年十月三日搬到柏林，那天正是德國統一十週年慶。我剛滿二十歲，想在上大學之前休息一年，於是挑了美好的一天來到這座新城市，整個城市的人民都在慶祝，市中心的林登大道（Unter den Linden，也稱菩提樹大街）在這天成了徒步區，供大家遊行。天空是清脆的藍色，太陽的光線燦爛閃爍。

當我第一天在前東柏林散步時，從公寓旁轉個彎就遇上一個巨大、約四層樓高的水泥柱。我猜它應該是二次世界大戰時的堡壘，被孤獨地遺留在這個市區住宅區裡。它在我心中留下深刻的第一印象，我想知道它的故事。

我真希望柏林的建築物可以講故事，因為這座城市經歷過太多事了。這些建築物不只是水泥與石頭，就像這座城市的居民，建築物也受政治影響。

柏林豐富的歷史正是吸引我的主要原因。在城市裡，隨處可見民族社會主義在二次大戰和戰後的遺跡。德國首都現在代表著創意產業和機會，但其實這不是全新的規畫。在世界大戰和搭建圍牆之前，柏林在許多層面都是國際文化的中心。這些都能從建築物看出來。

我在柏林的第一個公寓房租，比在瑞典的學生宿舍還要便宜，而且還位於羅森塔爾（Rosenthaler）大街上，就在前東柏林中心。這間三房的公寓有著古老的木質地板和13呎|4公尺高的天花板，這是我在倫敦、紐約、斯德哥爾摩都無法負擔得起的空間。牆壁上有未修復的彈孔，全部的粗糙都被留下。每天早晨醒來，我都會在床上找到牆上剝落的水泥碎片。這裡還是依賴煤炭暖爐，我必須從地下室將煤炭扛上樓，但我將這視作老公寓的魅力。取暖成為一件累人的苦差事，但我和室友把它趣味化。每週我們都會找朋友來家中聚會，晚餐開始前，大家都要先搬一些煤炭上樓。我還記得爸爸媽媽第一次來參觀公寓時頻搖頭，但我卻是那麼的愛，也從來不想離開柏林。

在柏林第一天看到的水泥堡，是非常有故事性的建築物之一，那是一九四二年由政府強制要求勞工搭建的。二戰時期它是一個防空洞，後來成為紅軍派的戰俘集中營。接著，在民主德國的東柏林，這裡又變成存放乾燥異國水果的秘密倉庫。這可能是堡壘的職業生涯中的亮點，你能想像當時有多難取得任何水果，尤其是香蕉嗎？柏林圍牆倒塌後，它變成了一家非法電音夜店。瘋狂的派對持續到一九九六年警察突襲臨檢後，才被迫結束營業。

麵包交換計畫的重要推手

我剛剛搬到柏林不久，藝術收藏家卡倫（Karen）和克麗絲汀‧波洛斯（Christian Boros）買下堡壘，將它改造成展示他們夫婦當代藝術收藏的私人美術館。這個32,000平方呎 | 3000平方公尺的現代藝術空間，也是今日柏林的縮影：一座充滿創意和對比的城市。這類型的重生改造計畫正在城市裡各個角落發生，這也是這裡成為開始麵包交換計畫的理想環境的原因。

　　我大可以在任何地方開始麵包交換計畫，但柏林是這個計畫的重要推手。雖然德國城市在許多事情上都有所限制與拘束，但對於創造力，總是給予無限的支持。柏林的氣候可能特別容易讓人滋養新點子吧！相較其他首都，柏林的經濟實惠，讓創意產業在有限資金下還是能依賴自己成長。低價租金和大量空間是自由創意最需要的支援。市長克勞斯・沃維雷特（Klaus Wowereit）用「貧窮但性感」來比喻這座資金有限的城市。在這裡，以物易物不是什麼新鮮事：產品、理念、手工藝往往才是必要的。

滿城的DIY文創精神

　　當然，以物易物的行為不只在柏林發生，也不是新創舉。一九四八年二次世界大戰結束後不久，黑市交易霸佔著柏林整座城市經濟的三分之一。事實上，之後十年間，黑市一直都是德國經濟的依靠。沿著亞歷山大廣場（Alexanderplatz）、大蒂爾加滕公園（Tiergarten），還有勃蘭登堡門（Brandenburg Gate）的鐵道旁，可以看到攤販在兜售各式物品。食品部分有奶油、肉類、蔬菜，或是夠奢侈的物品，如人造黃油和糖，甚至還有女性絲襪，這些都可以購買或以物易物交換。當時的香菸屬違禁品，一包契斯特菲爾德牌（Chesterfields）香菸可能高達200馬克，等於60美元。

　　如今，跳蚤市場已經在柏林人的生活中根深柢固。與以物易物的交易者一樣，這些攤販也代表著這座城市的DIY文創精神，自己想辦法做出所有在市面找不到的事物，而且得用手邊僅有材料做出最好的東西，就如同把一棟快要廢棄的建築物改造成電音派對聖地。如果找不到野生天然酵母製作的酸白麵包，那就自己做吧！正因為柏林是一個自己動手做的城市，所以時常會創造不同的驚喜。我好喜歡這種不可預測的感覺和多樣性。當然不能不提到柏林的好奇心，這裡從不排斥新鮮的事物。已經有上千位陌生人吃過我在柏林烘焙的酸麵包，不管是清晨或深夜，他們都願意到咖啡廳、地鐵站、我家，還有許多其他地方與我見面拿麵包。這一切都是出自好奇、信任和樂趣，為的就是尋找我們城市特有的麵包交換計畫。

　　二〇一〇年時正是班尼（Benny）給我開始用枸杞烘焙的靈感。他那時邀請我去參觀一個位在漢堡與柏林之間的枸杞園，所以我才烤了枸杞麵包要送給那位農場主人。我們也因此成為那個小型有機莊園的榮譽教父與教母。當我請班尼嘗試用枸杞調製一款雞尾酒，他毫不猶豫地答應了。

　　班尼特別調配的枸杞蘭姆甜酒喝起來清爽又帶有果香，豐富鮮味的基底是來自果肉如穀類的甘苦味道加上酸澀的醋味。雖然要提前12小時準備這種甜酒，但品嘗只需要少許時間，是一款適合當餐前酒或是下午游泳池畔飲料的好選擇。

　　把這種養生超級食物加進雞尾酒可能讓大家有點訝異。硬生生的將這些抗氧化小炸彈丟進酒精內根本就像強迫僧侶去聽重金屬樂團黑色安息日（Black Sabbath）的演唱會，不過奇怪的組合喝起來真的不賴。

柏林

83

枸杞蘭姆甜酒　*Goji-Infused Rum Shrub*

食譜由約翰・班傑明・薩瓦利（John Benjamin Savary）提供

成品量15～20杯

材料

新鮮草莓，去蒂後切成四等分4杯｜910公克

枸杞乾1杯｜100公克

罐裝水4 1/2杯｜1公升

百家得（Bacardi）蘭姆酒4 1/2杯｜1公升

白砂糖5杯｜1公斤

蒸餾白醋2 1/2杯｜600毫升

不甜氣泡酒（Dry Prosecco），或用香檳來調製豪華版3～4瓶

裝飾用香蜂草適量

枸杞蘭姆甜酒 Goji-Infused Rum Shrub

做法

1. 把草莓（預留8～10顆作裝飾）、枸杞乾、水、蘭姆酒、白砂糖、白醋全部倒入一個大容器中，攪拌至糖完全溶化。將容器蓋上後，放入冰箱浸泡至少十二小時。可以每二至三小時試一下味道！

2. 當你準備好要端出飲料時，先在大玻璃杯中加滿冰塊，接著在杯中倒入一半泡好的甜酒，再倒入氣泡酒填滿剩下的半杯。在每杯酒裡迅速畫圈攪拌一下，在最上面加上幾塊草莓和一小枝香蜂草就完成囉！

胞膜，所以釋放味道的速度會比新鮮水果更快。

◇ 不急著飲用的話，可以把甜酒浸泡在冰箱裡兩天，但因為浸泡過的水果會損失顏色與質地，所以記得二十四小時後須將所有果肉取出，以避免草莓和枸杞溶在酒精中。

柏林
85

醃漬無花果 Fig Confit

二〇一一年時安娜（Anna）與我聯絡，談及一個藝廊開幕的外燴餐點事宜，想要與我交換麵包。她想準備一桌麵包與不同的乳酪，讓大家探索各種搭配的口感和味道。她知道我會交換麵包，但還沒有機會親自品嘗，所以我們決定聯手讓與會賓客嘗試很多種類的麵包加上精緻的乳酪。特別的是，安娜將我最基本的原味酸麵包搭配帶點鹽味的法式新鮮牛乳奶油，而不是任何乳酪。沒想到這個組合竟然馬上被一掃而空，比精選的法國乳酪盤還受歡迎。

有些時刻，有些時刻有些菜是專為搭配某種特色乳酪而設計的。如果你跟我一樣，會突然很想吃熟成的羊乳酪，那這個醃漬無花果無疑是最適合的配菜。

醃漬無花果 *Fig Confit*

食譜由安娜・庫佛納（Anna Küfner）提供

成品量約2杯 | 570公克

材料

新鮮無花果，去蒂後切成小丁狀3顆
成熟的洋梨，削皮、取出籽後切成小丁狀2顆
蘋果，削皮、取出籽後切成小丁狀1顆
粗蔗糖（Raw Cane Sugar）1/2杯 | 100公克
芥末籽，搗碎6大匙 | 50公克
白醋少許
無花果乾，切塊2顆
蘋果汁少許
新鮮百里香葉2枝份量
薰衣草花蜜1大匙
鹽之花（Fleur de Sel）

做法

1. 將新鮮無花果、洋梨、蘋果加入小鍋中混合，接著拌入粗蔗糖，讓水果浸漬在糖中約一小時，直到果肉出汁、糖也完全融化。

2. 在浸漬水果期間，將磨碎的芥末籽和些許白醋倒入另一個小碗內混合，萃取出芥末籽油。

3. 把無花果乾與蘋果汁放入果汁機打碎，攪打至均勻無顆粒、滑順。

4. 將做法3和2一起倒入做法1，在火爐上用中小火加溫。當開始沸騰時，轉成小火再燜煮四十五分鐘，記得要不時攪拌一下，以免沾黏鍋底。用手握搗碎器輕輕將水果搗爛成泥，接著加入百里香葉和薰衣草花蜜，再用小火燜煮十至十五分鐘。最後無花果的質地應該是柔軟，但並非液態的果汁狀。烹煮好時，撒上一些鹽之花。讓無花果冷卻，然後用湯匙舀進一個乾淨的玻璃保存罐中。醃漬無花果可以存放在冰箱裡長達一週。

柏林
89

TIPS

◇ 醃漬無花果搭配味道強烈的藍紋乳酪或者熟成羊奶酪，口味都很契合，風味佳。

安娜準備一桌麵包與不同的乳酪，讓大家探索各種搭配的口感和味道。

二○一二年，當代藝術收藏家卡倫（Karen）和克麗絲汀·波洛斯（Christian Boros）夫婦正要籌辦他們第二個展覽的開幕，卡倫致電給我，請我幫忙做開幕酒會所需的麵包，總共有三百五十位貴賓。深呼吸後，我只好仔細想自己是否有辦法完成這個目標。要在我家小廚房裡準備這麼多麵包勢必有難度，但因為德國藝術與媒體界的重要人物都受邀，我非常希望他們會喜歡我做的麵包。我向她解釋：「我不覺得自己能在一天的時間內做出超過三十條麵包耶！」同時一邊絞盡腦汁，想辦法完成這個挑戰。

卡倫又問及如何付款，我回她：「我不收錢，但我們可以找一件事來交換。」我提議在他們水泥堡壘頂樓的樓中樓為麵包交換計畫社群舉辦一個聚會，讓大家準備自己的拿手菜前來。她大方答應了，還親自煮了這道扁豆菜與我們分享。

扁豆與鮮蔬 *Daal with Vegetables*

食譜由卡倫·波洛斯（Karen Boros）提供

成品量約8人份

材料

乾燥黃扁豆3杯 | 600克

印度酥油（澄清奶油）1/2杯 | 110公克，或是植物油1/2杯 | 120毫升

紅辣椒（依照喜好添加）去蒂、去籽、切成細絲4～8條

印度什香粉（Garam Masala，綜合瑪撒拉香料）4小匙

搗碎的茴香（盡可能用杵與臼來研磨）1大匙

薑黃1大匙

辣椒粉1小匙

水（酌量增加）10杯 | 2 1/2公升

月桂葉4片

鹽

黑色芥末籽4小匙

綜合蔬菜（四季豆、白花椰菜、櫛瓜、胡蘿蔔、茄子等）切成一口大小2 1/4磅 | 1公斤

→

新鮮研磨黑胡椒
裝飾用椰子片
裝飾用香菜細絲
印度薄餅或其他種類麵包

做法

1. 把乾燥黃扁豆倒入瀝水濾孔大碗中清洗，用冷水沖洗好後，放置一旁備用。

2. 將1/4杯｜55公克酥油放入一個大鍋子裡，以中火加熱，加入紅辣椒、印度什香粉、茴香、薑黃、辣椒粉後，繼續炒到開始散出香料的香味。這時加入清洗好的黃扁豆攪拌，倒入水，加入兩片月桂葉。蓋上鍋蓋，轉成小火燜煮黃扁豆十五至二十分鐘，煮至約十分鐘時先檢查一下，如果鍋中的扁豆太濃稠、沒什麼湯汁，可再添加些許水，然後加入鹽調味，繼續熬煮到黃扁豆全熟，將鍋子離火，蓋上鍋蓋保溫。

3. 將剩下1/4杯｜55公克酥油放入大平底鍋中加熱，加入黑色芥末籽和兩片月桂葉，蓋上鍋蓋燜煮至芥末籽都爆開，加入綜合蔬菜稍微炒約五分鐘，或是直到蔬菜都熟了，再加入鹽、胡椒調味。

4. 將黃扁豆盛入大碗裡，把炒蔬菜加在上面，用椰子片和香菜裝飾，搭配印度薄餅一起享用。

TIPS

◇ 這道菜本身就很健康，我通常會儘量使用有機食材，讓蔬菜裡的養營更能徹底發揮。

◇ 你可以提前一天準備扁豆和蔬菜，但要確保只將食材煮到帶嚼勁、剛剛好的程度，隔天加熱時才不會成為一碗蔬菜糊。

◇ 依照自己的口味喜好添加或減少紅辣椒的量，我自己都用八條。

我向卡倫提議,在他們水泥堡壘頂樓的樓中樓為麵包交換計畫社群舉辦一個聚會,讓大家準備自己的拿手菜前來。

　　我尋找美味好吃的肉的旅程與我和莫琳的友誼始於同一天。更棒的是，她以前是位導遊，引領我進入一個嶄新的美食世界。當時是二〇一〇年夏天，大家都正在瘋足球。那一天，在30℃的高溫裡，我們三百個人在柏林市中心的蘇活屋陽台上，每個人的視線都緊盯著大螢幕觀看精彩的賽事。

　　當我正忙著像在比賽般將手上的大杯啤酒飲盡時，一位面容姣好的金髮美女筆直朝我走來。我大概知道她是誰，因為她的前男友跟我的前女友交往過。她停在我面前說到：「康萊德（Conard），我有個問題想問你喔，我所有的朋友都是素食主義者。但你喜歡肉，又喜歡烹飪，對嗎？」

　　我只是簡短回答：「沒錯」，跟另一個「沒錯！」
　　她又問：「明天我想開一堂碳烤課，你有興趣嗎？」

　　長話短說，隔天我們烤了十四種肉，又花了一小時聽了一大堆關於動物品種、烹飪溫度、如何把脂肪當成香味的基礎，還有要保有耐心、烹飪肉類時的正確時機以及學習拿捏不讓醬汁掩蓋掉肉的原味等等。我們學到最重要的原則是：少即多！不管是火候或肉都是如此。最後，我們還許下「永遠不再購買菲力牛肉」的承諾，且要拋棄這種無趣、沒脂肪、又沒香味的肉。但坦白說，我時常打破這承諾。

　　這一次的烤肉課後，伴隨著其他肉類的窯燒課跟實驗，我開啟了嶄新的視野。我最愛的仍是由英國海福特牛（Hereford）製成的乾式熟成排骨。所以當我要為莫琳烹飪時，理所當然選了這道料理。這天我決定讓四千克英國海福特牛排與三千克來自日本、口感纖細的高級和牛對決。我先將每塊肉切成長寬2.5公分的立方體，搭配現磨的胡椒、海鹽及好的橄欖油，一併按摩進肉裡讓肉塊入味。兩道料理都在烤爐裡以300℃烤了五個小時，並在最後五分鐘時用烘焙香氣的料理方式結尾。英國人再次贏了這場比賽，而我早就知道結果會如此。雖然英國人不是最好的足球員，但是在出產好肉這方面，他們的確實至名歸。

康萊德‧弗里奇（Conard Fritzsch）

柏林
97

淡水螯蝦饗宴：斯德哥爾摩·瑞典

大海的故鄉：麵包主成分——水的故事

有些人需要住在郊外的山區，有的人則要在靠近開闊的海邊。我認為這兩個地方都有助於我們釐清思緒。沒有任何人事物可以比山或海洋來得更龐大，因此，讓我更加清楚自己和簡單的生活都在掌控內。一直以來，大海都有讓我鎮定看清事情的作用。從小，我就在海邊長大，每年與家人都是在帆船上度過炎炎夏日。心煩的時候，大海可以安慰我。不管天氣如何，只要趴在碼頭上，青少年的所有心痛就都不見了。那種平靜感直到現在都還存在，只要坐在浪潮旁，一切都會回到身邊。海水對我有著舒緩效果，但也同時激勵著我。也許鹹鹹的海水能療癒一切。如同作者凱倫·布里森（Karen Blixen）在她的書*Seven Gothic Tales*中提及，包治百病的靈丹就是「汗水、淚水、或海水」。

我曾經深信自己不可能在沒有海風的地方生活，更沒想到有一天會住在沒有海浪和鹹海風的內陸德國。幸運的是，隨著年齡增長，路程距離似乎變短了。只要生活中一累積太多事物，我就會來一趟海洋之旅。你大概已經可以想像，我最想念家鄉瑞典清澈的水和新鮮的魚味。這也是為什麼要寫關於麵包的第二個主成分——水的故事時，我不用走太遠，只要回家就可以了。

海鮮是瑞典料理中極度重要的食材

正因為我們的生活與海水如此接近，海鮮是瑞典料理中極度重要的食材。在家時，我可以一整個星期都不吃肉，大多數時間都吃煙燻、鹹干或醃製的蝦、魚子和魚。當然也不能忘記特有貝類中的貝類，長得像小龍蝦的淡水螯蝦（淡水小龍蝦）。

自十六世紀起，淡水螯蝦一直都是瑞典飲食文化中的一部分。曾經有幾十年，這是貴族才得以享用的珍貴料理。直到十九世紀中期，瑞典貴族才不再獨享這種海產，讓全國大眾都有機會愛上淡水螯蝦，成為至今瑞典最具特色

的美食之一。即使現在淡水螯蝦在野外捕獲的數量逐漸減少，但在全國各地一些湖中，例如斯莫蘭（Småland）的韋恩特湖（Vättern）內，還是可以釣到這種漁獲。

　　每當夏天接近尾聲、溫暖清澈的夜晚開始暗沉，週末就成為大家聚餐派對的時刻。在水果蒸餾烈酒（Schnapps）的酒精熏陶下，我們一起品嘗淡水螯蝦的鮮美。牠們的體積很小，事實上，吃起來根本沒有什麼肉。不過，這一點也不影響牠們成為瑞典八月分大多數晚宴上的明星。

　　馬汀（Martin）與我最初是在時尚產業工作時熟識的朋友，只要說到食物，我們就會聊到忘我、停不下來。關於食物的種種，我們無所不談，從要煮什麼、要吃什麼，還有新發現了哪些食物，我們都會與對方分享。由於時尚業務有時像馬戲團，大家都會從一個時裝週前往下一個，因此我們碰面的次數相當頻繁。馬汀會帶各種醃製醬菜或自製香腸來交換我烤的麵包，或是我透過交換計畫得到的果醬。

　　在傳統的淡水螯蝦聚會裡，我們常會空腹喝了很多酒，而且就算吃了一堆淡水螯蝦加上酒精，也不太有飽足感，所以我通常喜歡做這道簡單的前菜。這也是斯德哥爾摩的經典餐廳之一，斯圖爾霍夫（Sturehof）裡面最受歡迎的拿手菜色。

達拉勒島的開放式三明治 *Dalarö Macka (Sandwich from Dalarö Island)*

食譜由馬汀・邦多克（Martin Bundock）提供

成品量約1人份

材料

常溫、適合直接塗抹的有鹽奶油
你最喜歡的裸麥酸麵包薄片1片
去皮、去骨的煙燻鯡魚2片
細香蔥碎2大匙
紅洋蔥碎1/2顆

魚子1大匙
雞蛋黃1顆
檸檬角1塊
新鮮研磨黑胡椒

做法

1. 在一片裸麥酸麵包上塗抹奶油，放到盤子上，接著在麵包上並排鋪上兩片煙燻鯡魚。

2. 撒上細香蔥碎和紅洋蔥碎，在上面堆上魚子，在最中間做一口小井（留個小洞）。

3. 小心的將雞蛋黃放進井中。檸檬角放在旁邊，最後在三明治上面現磨一層黑胡椒粉。

4. 開動囉！這時還要配上你今晚淡水螯蝦派對的第一口酒，但絕不會是最後一口。

TIPS

◇ 魚子的種類可依照個人喜好選擇。在斯德哥爾摩，達拉勒島的開放式三明治通常是搭配一種白鮭魚（sik）的魚子。

瑞典政府在一九二二年認真考慮禁止所有飲酒活動。我們要特別感謝淡水螯蝦，要不是因為牠們，這條法律很有可能被強制執行。當時有了「淡水螯蝦需要這些飲料」（Kräftor Krä vadessa Drycker）這個口號，也成為保護飲酒權利的象徵。公投結果是兩方勢均力敵，但有50.8%的選民贊成合法飲酒，也就是說淡水螯蝦贏了。

如今，每個淡水螯蝦晚餐都會配上自製的特色風格水果蒸餾烈酒（Schnapps）。我找遍了斯德哥爾摩的酒吧，就為了找到最適合的飲料，直到我遇見馬汀，北歐最好的調酒師之一，他調配了一杯我從來沒有品嘗過的Crail Tail。

CRAIL TAIL調酒 *Crail Tail*

食譜由馬汀‧龍格爾（Mathin Lundgren）提供

成品量約4人份

材料

酒醋（酒精濃度12%）3盎司 | 90毫升
白砂糖3/4杯 | 150公克
水1杯＋2大匙 | 270毫升
蒔蘿花2枝
檸檬1顆
你個人最喜歡的伏特加，放入冷凍庫冰鎮

做法

1. 將酒醋、糖和水倒入中型平底鍋裡混合，用中大火加熱煮沸，直到所有糖完全溶解。將平底鍋從火爐上移開，把混合的醋糖水盛入容器中等待冷卻。等冷卻後，加入蒔蘿花。小心削下一整顆的檸檬皮，要避開白色苦澀的部分，再將皮剁成細碎塊，加入容器中。

2. 將容器封起來，放入冰箱冷藏過夜。

3. 隔天早上，將容器裡的醋糖水過濾，倒入一個漂亮的瓶子裡，留下一些先前浸泡的蒔蘿花與檸檬皮，加入瓶中裝飾，再次放入冰箱冷藏，完成調酒。

4. 準備八個烈酒杯，四人份，每人各兩個杯子。分別倒入四杯冰鎮好的伏特加，以及四杯調酒。

5. 將兩杯組成一對上桌，飲用時，先喝一口伏特加再一口調酒。

爺爺常說當上帝要創造世界時，祂因為擔心造成失誤，於是先創建了斯莫蘭，瑞典美麗的景色「小國」來試試身手。這個地區囊括各種風景：黑暗的樹林和開闊的田野，以及各個深淺不一的湖泊，不但有岩石，連沙質海岸線都有。根據爺爺的說法，這就是斯莫蘭如此天生麗質的原因。

斯莫蘭的淡水螯蝦
Cryfish from Småland

成品量為6人份

材料

淡水螯蝦40隻
鹽1 1/4杯｜210公克
白砂糖1/4杯｜50公克
辣椒粉（Paprika）2大匙
新鮮蒔蘿2把
拉格（Lager）啤酒2瓶（12盎司｜360毫升）

做 法

1. 將水倒入大湯鍋中以大火煮沸騰。鍋子的尺寸要可以放入所有淡水螯蝦，不會過度擁擠，但同時還要能再被放入你家最大的湯鍋中（最後要冰鎮）。用冷水沖洗所有淡水螯蝦，確保牠們都還活著，將沒有游動的丟棄。

2. 慢慢的將淡水螯蝦一隻一隻放入沸騰的水中，不要一次將所有丟進去，這樣才能保持水的熱度，不會停止沸騰。螯蝦的顏色會迅速從黑色變成紅色。以10隻為單位，每次煮熟10隻螯蝦，等全部都變成紅色時，把所有螯蝦從水中取出，移至另一個大碗中瀝乾。重複用沸水煮螯蝦的過程，直到所有40隻都煮熟成紅色。

3. 將鹽、糖、辣椒粉加入水中並均勻的攪和。把煮熟的螯蝦再度放回鍋中，並放入新鮮的蒔蘿蓋住水的頂部，確保草的部分都淹沒在水中，這樣才會讓水吸收香味。我喜歡淡水螯蝦具有很強烈的蒔蘿風味，所以我從來不會限制加入的數量。接著轉小火，讓淡水螯蝦熬煮十分鐘，不要沸騰。在煮的過程中，不時撈掉水面上的泡沫。

4. 關火後，將啤酒倒入鍋中，立即降低水的溫度。

5. 在最大的湯鍋裡裝入三分之一深的冰水，把裝有淡水螯蝦與湯汁的鍋子放入大鍋中冰鎮。當所有淡水螯蝦都冷卻後，即可上桌享用。

TIPS

◇ 如果時間許可，可以在前一晚先煮好淡水螯蝦，浸泡在湯汁裡，過夜的吃起來味道更棒，風味更飽滿。

◇ 我知道要將活的淡水螯蝦直接煮熟會令人有點難過，但這是無法避免的。如果不是這樣，那淡水螯蝦就不夠新鮮，更不適合食用。

每當夏天接近尾聲，溫暖清澈的夜晚開始暗沉，週末就成為大家聚餐派對的時刻。

當我第一次到舊金山的塔汀麵包店（Tartine Bakery）* 朝聖時，詢問身兼麵包師傅與老闆之一的查德‧羅柏遜（Chad Robertson），是否想要我幫忙帶他烤的麵包回歐洲給任何朋友。他交給我一條丹麥式裸麥麵包（參照p.276），請我帶給他的朋友，瑞典大廚馬提斯‧達格倫（Mathias Dahlgren）。我如往常般在手提行李內打包了滿滿的麵包，啟程飛往斯德哥爾摩。不久，馬提斯在他的網站上寫道：「有個女生剛剛來到我的餐廳輕食廳（Food Bar），說她前一天才在舊金山的塔汀麵包店，有人托她帶了這條麵包給我。

　　這個故事有兩件驚人之處：第一，現在的世界好小。第二，查德‧羅柏遜烤的麵包實在太好吃了。」

　　繼那次之後，馬提斯平易近人的輕食廳（Food Bar）就成為我心中最愛的瑞典餐廳之一。在這裡，馬提斯與我們分享一道簡易又經典的瓦思特波頓（Västerbotten）乳酪鹹派食譜，如同淡水螯蝦與酒精是夏日聚會不可缺少的一道菜。

＊位於舊金山，一家很知名的麵包糕點店，於二〇〇八年獲得詹姆斯‧比爾德最佳廚師獎（James Beard Award's Best Chef）大獎。

瓦思特波頓乳酪鹹派 Västerbotten Quiche

食譜由馬提斯・達格倫（Mathias Dahlgren）提供

成品量為8～10人份

材料

〈派皮〉
奶油9大匙｜125公克
全麥麵粉1杯｜120公克
二粒小麥（Whole Emmer）麵粉1/2 杯｜60公克
水（會因為麵粉品質與新鮮度有些調整）1～2大匙
鹽1小撮

〈內餡〉
小韭蔥1枝
奶油1小匙
雞蛋3顆
全脂鮮奶油7大匙｜100毫升
酸奶油（Sour Cream）
或法式酸奶、法式鮮奶油（Crème Fraîche）7大匙｜100毫升
瑞典瓦思特波頓硬乳酪（Västerbotten）
或其他類似的硬乳酪，磨成絲1 1/4杯｜150公克
卡宴辣椒粉（Cayenne Pepper）1小撮
鹽和新鮮研磨黑胡椒

做法

1. 製作派皮：將奶油、全麥麵粉、二粒小麥麵粉、1大匙水、鹽倒入食物處理機中，啟動混合直到麵團開始成型、可以黏在攪拌的刀片上。如果攪拌十秒後麵團有點乾，再加入另1大匙的水濕潤。取出麵團蓋好，放入冰箱冷藏至少一小時，但不超過四小時。

2. 將烤箱預熱至425℉｜220℃。

3. 在工作檯面上撒上一些麵粉，放上派皮麵團，用擀麵棍擀開至直徑10.5吋｜26.5公分的大小。將麵皮鋪進一個9吋｜23公分底部與側邊可以分離的烤模。用一支叉子在底部的麵皮上戳幾個洞，接著覆蓋上一張錫箔紙，倒進一些乾燥豆子或陶瓷重石，放入烤箱烘烤十分鐘。取出錫箔紙和豆子或重石，放入烤箱再烘烤五分鐘，或是直到派皮呈現金黃色澤即可。取出放置一旁讓派皮冷卻。

4. 製作內餡：將韭蔥泡在一小碗冷水中，清洗掉所有泥土，約換水三次，或是至完全看不到任何泥土殘留在韭蔥上。將水瀝乾，把韭蔥切成小細塊，放入乾淨的碗中。將奶油加入平底鍋用中火融化，加入韭蔥炒至軟化。炒好後，放置一旁冷卻，等到摸起來不燙手。

5. 將雞蛋、全脂鮮奶油、酸奶油迅速拌勻，加入乳酪絲、韭蔥和卡宴辣椒粉，用鹽與新鮮研磨黑胡椒調味，將所有攪拌後倒入先前烤好的派皮內，放入烤箱烘烤約二十分鐘，或是直到內餡完全定型。將烤好的乳酪鹹派放在冷卻架上降溫約二小時，直到派變常溫即可食用。

TIPS

◇ 在瑞典，八月時我們會用一種來自北方的瓦恩特波頓乳酪（Västerbotten）製作這種鹹派。那個產地在夏天幾乎沒有夜晚，當地的牛隨時都能自由吃草。我出生的地方離那片草地騎腳踏車就能到，也就是為什麼我對這種乳酪感情特別深厚。我不管在世界的哪個角落，我都會儘量在冰箱留一些來自West Bothnia的乳酪。如果你找不到這種乳酪，也可以用熟成的葛瑞爾乳酪（Gruyère Cheese）代替。

◇ 與夏日才有的淡水螯蝦不同的是，這個鹹派是一年四季都可以做的食譜。

巴伐利亞

Bavaria

「現在幾點？」他問。

「快兩點了。」我回答。

「兩點是個好時間。」他說。

我看著拿著雪靴腳下正融化的雪地，笑了。

真是個好棒的想法，兩點真的是個好時間。

這一天還有足夠的時間，來開始一件新的事情或重新出發。

不過因為已經過中午，所以我早開始想下班的時刻了。

午午餐：**巴伐利亞 · 德國**

山脈間蘊藏的知識

一切是這麼簡單，只是我從來沒想過。這個啟示與我在巴伐利亞學到的很多事情一樣。有時，這種農夫式的思維聽起來太簡單了，但是當我再次回想，馬上就開竅了。這讓我想起在隆德（Lund）大學的第一個學期，因為自己的思考方式太複雜、不夠簡潔明確，所以思想歷史課被當掉。現在我還是會持續告訴自己：莫琳，不要將事情過度複雜化。

巴伐利亞的山脈間藏著許多知識，「Bauern」農夫們一代一代流傳下來的簡單技巧與訣竅。不過，如此簡約的思想、舊識、傳統，卻很容易被輕視。

在德國東南部，奧地利邊界，有一個地區，比起許多其他區域，仍然非常重視傳統文化。在俯瞰巴伐利亞的半山腰處，便可以找到老屋子：Rösler Haus。這裡至今還是由德國作家喬 · 漢斯 · 羅斯勒（Jo Hanns Rösler）的後裔管理，也成為我前來思考和寫作的地方。這棟老房子的靈魂很純樸，一到達的前十秒鐘所減少的身心壓力，比任何冥想或紅酒都來得有效。從門口走進屋裡的一瞬間，就能感受到視野開闊，地平線綻放。我大口深呼吸，貪婪的感受寧靜。

真正的世界公民，首先要能與自己的文化背景和平共處

　　愛蜜莉（Amely）和她的媽媽克麗絲汀（Christine）非常重視細節，早在我來
到老屋子之前，她們就已經創造了屬於自己的世界。每次來訪，她們都會穿
著傳統的民俗服飾，腳上卻踩著實用的高科技球鞋。她們似乎比大多數人都
更國際化。我認為要成為真正的世界公民，首先要能與自己的文化背景和平
共處，而這兩位女人真的做到了。

　　在現今社會裡，執行傳統是很微妙的。一方面要有開放的心態，同時也要
極度關注和理解傳統，才不會限制文化的保存。當喜歡保護傳統的人能同時
具備對社會轉變的意識，維持傳統可以成為避免過去的事物完全被現代化。
在這個層面上，我很喜愛傳統。

　　第一印象老屋子就像任何建於一六八五年的農舍一樣漂亮，但如果細看，
這間屋子有個特別之處。家族祖母凱蒂・羅斯勒（Kitty Rösler）從維也納帶
給農舍一種城市的氣質，屋子裡的浴室都裝飾得如華麗的客廳。不只如此，
特別的是整體細節。從牆上美麗的壁紙、吸引人的早餐桌，到豐富得像巴洛
克靜物畫裡的水果盤，一切的一切都太迷人了。我最喜歡愛蜜莉使用藍色，
而不是紅色，來裝飾我的早餐擺設。她知道我認為藍色與屋裡的裝飾比較搭
配。

　　我也很喜歡他們的食物。從慕尼黑的農夫市集買到的雙次烘烤裸麥麵包令
人驚豔。鄰居家來的新鮮雞蛋，還有奧地利的優格和奶油。我的盤子上擺著
滿滿的黑森林檜木煙燻火腿、當地特產乳酪和手工香腸。我為優格淋上接骨
木莓果醬。選了窗戶旁的位子坐下，讓目光徘徊在山頂和下面的山谷之間，
開動。如果剛好在春天來訪，我會把盤子端到台階上，坐著看進山谷裡。

　　我是水手的女兒，不是山的孩子。不過，現在我已經真正了解是什麼連貫
了山脈和海洋，是地平線。我為地平線深深著迷。

使用成熟的水果來做果醬最適合不過了。老屋子的克麗絲汀（Christine）告訴我，她會請水果攤挑出太老、不適合販售的水果來做果醬，只要簡單的將任何損害或黑斑切除就好了。也就是說，當水果皮開始變皺，就是煮果醬的最佳時機！

凱蒂的老屋子接骨木莓果醬
Kitty's Rösler Haus Elderberry Compote

食譜由克麗絲汀・史密特（Christine Schmitt）提供

成品量4杯 | 1.14公斤

材料

新鮮或冷凍的接骨木莓1磅 | 455公克
白砂糖1/4杯 | 50公克，外加一些調味用
去蒂的新鮮西梅12顆
丁香2粒
肉桂棒1枝，長約1/2吋 | 1公分
蘋果2顆
梨子2顆
檸檬汁1顆

做法

1. 把接骨木莓放在小平底鍋裡，倒入約1吋｜2.5公分高的水，加入白砂糖拌勻，開始加熱至沸騰，然後把火轉成小火，燜煮一小時。過程中不時攪拌一下，保持莓果浸在水中。

2. 果蒂的整顆西梅添加入鍋中，先不要把籽取出，它們會為果醬帶來更多的風味。加入丁香和肉桂棒，確保所有食材都浸泡在水中，繼續用最小的火候燜煮一小時。

3. 當莓果和西梅在火爐上燜煮時，將蘋果、梨子削好皮，去籽，並將每顆切成四等分，再把每塊切成細薄片。

4. 將蘋果、梨子和檸檬汁加入鍋中，如果水開始變少，再加入一些水，確保所有水果都浸泡在水中。

5. 持續燜煮三十分鐘，或直到水果都完全煮熟，軟化至你分辨不出水果的種類。這也是我這麼喜歡凱蒂的果醬的原因！

6. 試吃看看甜度，再依照個人喜好添加糖。最後取出西梅的籽，即可上桌，或是裝入可密封式容器裡，放入冰箱冷藏可長達十天。

巴伐利亞
125

　　隨著冬天而來的是柑橘季節。當雪和你的襪子都層層增加中，柑橘季節似乎就是大自然給我們的小鼓勵。這個血橙配上迷迭香的抹醬，是在冬天慶祝柑橘季節的方式，帶來了明亮清新，春天的味道。常見的甜蛋黃抹醬，通常是用檸檬製成。相較之下，用血橙來做比較甜，但加入迷迭香會增加更深層的味道。雖然血橙比檸檬甜，但蛋黃醬還是不失清爽的酸度。

迷迭香血橙抹醬
Blood Orange Curd with Rosemary

食譜由莎夏・格拉（Sasha Gora）提供

成品量為1杯｜270克

材料

血橙2顆
白砂糖1杯｜200公克
新鮮迷迭香6枝
新鮮檸檬汁1大匙
雞蛋2顆＋雞蛋黃2顆
無鹽奶油6大匙｜85公克

做法

1. 將血橙的皮削下,切成小碎塊,用保鮮膜將果皮包起來放置一旁。接著把血橙對切,榨出約1杯︱250毫升果汁。把果汁過濾進一個小鍋中,用中火加熱至微滾,讓果汁繼續煮至剩下原本的三分之二量,加入糖,攪拌至完全溶解。將鍋子從爐火移開,加入迷迭香。蓋上鍋蓋,讓果汁閒置浸泡一小時。

2. 取出迷迭香丟掉,加入之前削好的血橙皮和檸檬汁。另外在一個小碗裡,輕輕打發雞蛋和雞蛋黃,放置一旁備用。

3. 取一個小鍋,倒入三分之一量的水,以小火加熱至冒泡。

4. 趁水加熱時,將奶油切成小丁,放入一個耐熱的攪拌碗中,例如直立式攪拌機的不銹鋼碗,然後加入做法1混合。

5. 當水開始冒泡時,把攪拌碗架上鍋子,以隔水加熱的方式把奶油融化。用一支木湯匙將奶油和果汁攪拌至完全均勻。等奶油融化後,加入打發的雞蛋液,不停的攪拌。檢查一下水,確保只有微微冒一點點泡泡,不要太大以免將蛋煮熟。繼續攪拌約十分鐘,或是當醬汁開始凝固在木勺表面。醬汁的質地應該有點像溶化的冰淇淋,溫度約166℉︱75℃。把鍋子從爐火移開,放置一旁冷卻,不時攪拌,抹醬會在降溫後凝固。

6. 等完全冷卻後,將抹醬裝進一個有蓋子的罐子中,可放入冰箱冷藏保存長達兩星期。務必記得每次都要使用乾淨的湯匙舀出抹醬,這樣可以讓保存時間更長久!

TIPS

◇ 由於這道食譜裡要加橙皮,所以盡可能選購有機、無果蠟的血橙。如果無法找到有機的,可以將血橙放入沸水中煮一、兩分鐘,然後將果皮表面刷乾淨再操作。

◇ 只要注意水的溫度保持在微熱的、不過度滾燙,你就不用擔心雞蛋會不小心煮熟。但是如果溫度真的不小心變得太燙,雞蛋液形成一些小塊狀,在醬汁凝固前過濾一下就可以了。

　　洋梨生薑果醬與前一道血橙迷迭香抹醬不同之處，在於它掌握了冬季舒適、溫暖、昏暗那一面。這個果醬滿足了寒冷中渴望香料和樸實風味的口腹之慾，更配合裹在毛毯內看白雪落下的衝動。這個果醬裡的果肉較大塊，質地偏厚實，口感有點介於濃稠的果醬和滑順的水果泥之間，不但可以攪拌進熱熱的燕麥粥，也是塗抹在一片酸麵包、配上陳年巧達乳酪的好味道。

洋梨生薑果醬 Pear and Ginger Jam

食譜由莎夏‧格拉（Sasha Gora）提供

成品量為1杯 | 270克

材料

梨子，削皮、去籽後切丁3磅 | 1.36 公斤
白砂糖1 1/2杯 | 300 公克
新鮮檸檬汁1/4杯 | 60 毫升
去皮磨碎的新鮮生薑3大匙
香草豆莢1根

做法

1. 將洋梨、糖、檸檬汁和生薑放入一個寬口的厚底鍋內混合。將香草豆莢對剖，刮出香草籽加入鍋中，把豆莢也丟入鍋中，放置一旁，浸漬十五分鐘。接著把一個小盤放入冰箱，這是為了準備待會測試果醬用。

2. 把洋梨用中大火加熱，直到沸騰。不時攪拌一下，煮至梨子果肉開始軟化，可以用木湯匙背面壓碎的程度。將鍋子從爐火上移開，取出豆莢丟掉，用一隻手握式搗碎棒將梨子壓成泥。再次將鍋子放上爐火，用小火熬煮至果泥呈果醬的稠度。

3. 這時要測試果醬是否完成，先前冰鎮的小盤子就派上用場囉！從冰箱取出盤子，用一支小湯匙舀1小匙果醬在盤子上，讓果醬閒置一、兩分鐘，然後檢查是否會定型。如果果醬還太水（呈液體），就表示要再煮一下。

反覆用冷盤子測試至果醬達到標準濃稠度。

4. 用一支長柄勺子將熱騰騰的果醬分裝進乾淨果醬罐中，確保在罐口留一點空隙。

5. 用一張濕紙巾擦拭罐子旁任何滴下的果醬。將罐子的蓋子蓋上並栓緊，放置一旁降溫冷卻。等完全冷卻後，放入冰箱裡冷藏保存，儘量在兩週內將果醬食用完畢。

TIPS

◇ 食材上，選用你最喜歡或最容易找到的洋梨。在老房子，莎夏都用巴特利特（Bartlett）西洋梨。如果梨子是有機的，你甚至可以連同果皮一起煮。

　　我的德國朋友菲（Fee）有著希臘血統。每次她的奶奶為全家人煮好豐盛的一餐，將食物端上桌時，都會說：「這是我用我對你們的愛所煮的一餐。」這是一個非常有效的序曲，就算桌上的食物不如她預期，也從來沒有人抱怨過。不管早上再怎麼累，我也從來沒有搞砸什錦果麥穀片。如果有人抱怨你大清早做的早餐，只要記得菲的奶奶的話就對了。

什錦果麥穀片 *Bircher Muesli*

成品量為4杯｜900公克

材料

削皮、去籽蘋果，例如綠色的史密斯品種2顆
椰子水1 1/4杯｜300毫升
原味希臘式優格＊（含3.5％油脂以上）1 1/4杯｜300毫升
燕麥片、卡姆小麥或斯佩耳特小麥1杯｜250公克
枸杞乾3/4杯｜85公克
亞麻籽3大匙
新鮮薄荷葉，切粗塊2大匙
楓糖漿3大匙
鹽1小撮
新鮮莓果、薄荷葉、混合燕麥穀物（Granola）、燈籠果、碎堅果等用來搭配（依喜好自選）

＊類似打發鮮奶油的希臘式優格瀝掉了大量的水和乳清，口感更加細緻綿密且濃滑，並帶有清新的奶香，清爽的風味可以直接搭配果醬、蜂蜜和鮮果食用。可在百貨公司、大型超市或網路商店購買。

做法

1. 將刨絲器架在一個大碗上，把蘋果刨粗條。接著將椰子水、1/4杯｜60毫升優格、燕麥片、枸杞乾、亞麻籽和薄荷葉全部都加入碗中，攪拌至完全混合。

2. 將做法1麥片粥蓋好，放入冰箱冷藏過夜。

3. 隔天早上，將剩餘的1杯｜240毫升優格、楓糖漿和鹽拌入麥片粥裡。將什錦果麥穀片分裝進碗中，依照口味喜好搭配配料享用。

我在寒冬雪日中造訪。每次來訪，她們都會穿著傳統的民俗服飾，溫暖的迎接我的到來。

　　想像一下你的媽媽是位喜愛精選乳酪和美酒的饕客，還開了一間美食店。再想像她每週都會寄來裝滿美食的包裹，裡面有手工巧克力和在地特產松露義式臘腸。最後再假設你為了不辜負媽媽的好心，不敢告訴她你已成為素食主義者。要怎麼辦呢？

　　這就是我在二○○九年遇見史蒂芬妮・朵爾（Stefanie Doll）的故事。她有一冰箱的自家製香腸和冷盤臘肉，而且願意用任何她媽媽英格麗（Ingrid）寄給她的葷食與我交換麵包。這絕對就是所謂雙贏局面！

朵爾家族家傳麵包抹醬
Doll Family Bread Spreads

食譜由英格麗・朵爾（Ingrid Doll）提供

火腿細香蔥沙拉　Ham and Chive Salad

成品量為1½杯 | 770公克

材料

熟食火腿，切丁1磅 | 455公克
細香蔥碎2把
美乃滋1杯 | 250公克
你最喜歡的醃醬菜的醃漬汁1/4杯 | 60毫升
全脂牛奶2大匙
鹽和新鮮研磨黑胡椒

做法

1. 將細香蔥和切丁的火腿放入小碗裡，混合。在另一個中型碗中，將美乃滋、醃漬汁和牛奶倒入，快速攪拌至滑順。然後將火腿和細香蔥輕輕混合進醬汁，加入鹽和黑胡椒調味。
2. 裝入容器，蓋上蓋子放入冰箱，可以冷藏保存長達三天。

TIPS

◇ 熟食火腿通常已經是鹹的，所以我不太會再加鹽，只要磨上些許黑胡椒就夠了。

朵爾家族特製乾奶酪 Dolls' Cream Cheese

食譜由英格‧朵爾（Ingrid Doll）提供

份量為1/2杯 | 560公克

材料

奶油乳酪（Cream Cheese）
12盎司 | 500公克
牛奶1/4杯 | 60毫升
小胡蘿蔔，切細片2條
青蔥，白色和綠色都要，
切細絲2根
新鮮細香蔥細絲1手掌份量
新鮮巴西里細絲1手掌份量
鹽和新鮮研磨黑胡椒
蒜頭剁碎1顆（自行選擇添加）

做法

1. 將奶油乳酪、牛奶倒入中型攪拌碗內，快速攪拌均勻，直到完全沒有結塊。將冷藏的奶油乳酪先拿出來，等回到室溫後比較容易攪拌。接著拌入胡蘿蔔、青蔥、細香蔥和巴西里，用鹽和黑胡椒調味。如果想要加入蒜，在這時加入攪拌。

2. 裝入容器，蓋上蓋子放入冰箱，可以冷藏保存長達三天。

　　如果你深夜在慕尼黑蹓躂到很晚，又感覺睡前需要來個點心，那就一定要在大清早到這座城市裡製作傳統德式炸甜麵團圈（Schmalznudel）的攤販一趟囉！

　　妮琪（Nicky）第一次向我介紹這些麵團圈的糕點，是我們在慕尼黑初次見面的時候。她用了這座城市的食物之旅與我交換麵包，帶領我去她的幾個祕密基地。我們在慕尼黑的農夫市集吃著德式炸甜麵團圈，談論所有事情，從酒到最小的食材，都需要某種故事性來吸引我們的注意。在對談過程，這些炸麵團圈帶著油漬和滿滿的糖粉不時降落在我們的盤子上。在巴伐利亞的文化中，德式炸甜麵團圈是為了慶祝二月的狂歡節，這些炸麵團圈上面會撒上厚厚的一層糖粉作為裝飾。

德式炸甜麵團圈
Schmalznudeln (Schmaltz Fritters)

食譜由妮琪・史迪奇（Nicky Stich）提供

成品量約15塊

材料

奶油6大匙｜85公克，外加澄清奶油（炸油用）2磅｜910公克

有機無漂白中筋麵粉4 杯｜500公克

新鮮糕餅酵母（Cake Yeast）2大匙｜20公克

溫牛奶（105°F｜40℃）2/3杯｜160毫升，額外再準備一點

精細砂糖滿滿的1/3杯｜75公克

鹽1小撮

雞蛋2顆

裝飾用糖粉

做法

1. 在一個小型平底鍋中，用小火將6大匙｜85公克的奶油融化，當完全融化時移開爐火，放置一旁冷卻。把麵粉倒入大碗或是直立式攪拌機的碗中，在中心以手撥弄出一個小井（洞）。把新鮮酵母剁小塊放進小井中，接著倒入約1/3杯｜80毫升牛奶。攪拌一次，把碗蓋上後，讓麵糊在溫暖的角落靜置十五至二十分鐘，或是當麵團開始冒泡。

2. 加入1/3杯｜80毫升牛奶、糖、鹽、雞蛋、1/4杯｜55公克融化的奶油（液態），攪拌均勻。用手或用攪拌機的麵團鉤開始揉麵團，直到麵團表面開始有光澤，質地不再黏稠。把麵團分成十五小塊，將每一塊用手心揉一下，塑成一顆顆完整的小球。在小球上刷上一層融化的奶油，把所有小麵團放在鋪著烘焙紙的烤盤上，輕輕用紙或不沾黏的布覆蓋上，讓麵團發酵十五至二十分鐘。

3. 在一個油炸鍋或是大平底鍋倒入至少3吋｜8公分高的澄清奶油，轉大火加熱至約345℉｜175℃。先在手指上塗奶油，避免手在塑型時沾黏麵團。小心將每個球狀小麵團拉開成一片圓盤狀，注意要從中心開始拉，才不會厚度不一。確定每片厚度均勻，都約一隻食指的厚度。

4. 小心翼翼的把幾片麵團放入熱滋滋的奶油裡，接著立刻舀一些奶油淋上麵團，這樣有助於固定麵團的圓盤形狀。當底部變成金黃色時，把麵團翻面，煎至雙面都呈金黃色澤。當你在煎第二面時，確定沒有奶油沉澱在麵團表面中間，不然會影響麵團咬開時的鬆軟輕盈的質地。煎好後，以紙巾吸油，最後撒上糖粉即可上桌。

TIPS

◇ 如果想要炸麵團圈帶點肉桂味，將糖粉先與1小匙的肉桂粉混合，最後再撒於炸麵團上。

我是水手的女兒，不是山的孩子。不過，現在我已經真正了解是什麼連貫了山脈和海洋，是地平線。我為地平線深深著迷。

華沙
Warsaw

冬季酸湯品：**華沙・波蘭**

對波蘭的飲食文化感到好奇

當我在二〇〇七年第一次來到華沙時，黑碳暖爐的味道、水泥牆面的顏色，都讓我回想起七年前柏林給我的第一印象。我從柏林搭乘夜車，在清早六點半抵達華沙。還記得當時公司幫我訂的豪華飯店，那裡的早餐從魚子醬到香檳和波蘭式伏特加都有。

就像柏林，這座城市對成就很積極。華沙的年輕設計師不像德國或瑞典設計師，他們懂得把握當地有效率的生產業。我曾經因為工作上與川久保玲的前衛服裝品牌宛若男孩（Comme des Garçons）合作而到華沙出差，當地的時尚產業似乎正在起步。那次我認識了羅伯特・塞力克（Robert Serek），一位克拉科夫（Krakow）出生的數學家，他以前所未有的方式，在未整修過的大樓開始搭建不同的店面。每當我回首那段出差的日子，總是會記得與朋友曾到一間名叫U Kucharzy餐廳的美好晚餐時光。餐廳名稱直譯就是「廚師做的晚餐」。

當我開始計畫要為這本書旅行到哪裡交換麵包時，便意識到還需要再參訪另一座都市來平衡郊外鄉村的故事。畢竟，我還是一名都市女孩，而且麵包交換計畫的成長是以城市為主。我決定選擇一座比較不知名的城市，卻還是與我個人緊緊相連。我開始思考近期的美食趨勢，發現瑞典開始對香腸的製作方法產生興趣，讓我進而想到去舊金山時在塔汀餐廳（Bar Tartine）嘗到喚醒我對東歐回憶的味道。另一項正流行的，是我個人也喜歡的各式醃漬發酵蔬菜，這是波蘭食品文化的一大部分。很難不發現這其中的共同點是波蘭。華沙是前東歐共產黨最大的都市，更因為不斷改朝換代，勢必有很多故事在背後。我知道自己不會是唯一一個對波蘭的飲食文化感到好奇的人。

懂得享受聚會晚餐的國家

於是，二〇一三年，我回來了，但心中有了不同的目標，我想看看華沙的食品（不是時尚）產業界發生了什麼新鮮事。繼一九八九年共產主義瓦解之

後，持續成長的中產階級似乎對波蘭有些消極的飲食文化又感到興趣。華沙先流行了一陣子法式餐點，不過現在的焦點回歸傳統波蘭美食。年輕的廚師不但以現代手法詮釋過去的菜色，也研究傳統蔬菜品種。

過去一年中，多本美食雜誌在波蘭創刊。波蘭長久以來都有很多插畫家，現在則加入更多才華洋溢的平面設計師和創意藝術家。如今，所有人都對美食大有興趣，但華沙的速度之快還是令我感到驚訝。我四處詢問大家的意見，為什麼波蘭人願意花費美國人的三倍，或是德國人兩倍以上的費用在食物上？每個人都給我不同的回答，似乎沒有標準答案。

華
沙
147

一直以來，波蘭人就是懂得享受聚會晚餐的一群人，這並非意料之外，畢竟教會和家庭都是這個文化中重要的角色。農產業也始終在波蘭經濟中佔據一大部分，整個國家將近百分之六十的土地都是農耕地。共產主義時，不同於東歐鄰國將農產業重整為大型公家管理的工廠，波蘭國內大部分的農場還是維持為私有產業。也就是說，一九八九年重新開啟邊界時，波蘭保有一個健全的食品生產系統。

政治記者安妮・阿普爾鮑姆（Anne Applebaum）所描述的波蘭鄉村，是歐洲那個「還是比較狂野、不那麼整齊乾淨，比西方文明國家鄉下更原始的地方。」我也真的很喜歡波蘭人對這個地方如此的自豪。

這正是適合湯品的季節

再次來到華沙，距離上次已過六年，整座城市的能量還是一如往常，但有了不同的重心。都市裡一些新開的小餐館都提供經典菜餚，還有服務員熱心的與客人分享每道菜裡的食材。麵包又成為話題開端，再次引領我進入很多當地人家中。從談話中，我深刻感受到他們對那片土地、食物和當地種植的食材的驕傲。我們從奶奶的醃黃瓜聊到農村裡可以找到驚人的多品種蘋果。然後，我們一起喝湯，很多的湯。

　　這次，我在冰冷二月來到華沙，正值刺骨的冬天。每當天色開始黑暗，寒風就會直搗襯衫裡，波蘭人都知道這正是適合湯品的季節。因為這邊的冬天可以像水泥一般硬冷粗糙，所以也間接造就當地飲食中各式各樣有趣的湯品。這裡挑選出我個人最喜歡的三種冬季湯品，三款的共同點是口味都偏酸。基於新鮮食材受冬季所限，你會發現食譜中用到大量的醃漬物和發酵蔬菜，還有山葵（我也學到這是在每一個波蘭家庭廚房中非常重要的材料）。

有人說過：會熬高湯的人不是太閒就是太有自信。我一度相當同意這個說法，直到我成功熬煮第一鍋高湯。熬高湯不但有自我療癒的效果，也是回收利用蔬菜和切下來不要的肉骨的好方法。

你可以將所有本來已經要被當成廚餘的菜通通丟進湯鍋中。將冰箱裡快枯萎爛掉的生菜挑出來，或是把韭蔥不用的綠色頂端部分切下來，這些都是熬湯的材料。如果家中沒有廚餘桶，可以在冰箱留一個塑膠袋，把切菜時準備丟棄的部分留下來。當袋子快滿時，就該煮湯囉！最棒的是，熬煮高湯除了花費的時間和精神，真的不昂貴，卻又能將這裡的湯品食譜口味全都提升到另一層次。

酪奶湯佐山葵馬鈴薯泥 Buttermilk Soup with Horseradish Mashed Potates (Zalewajka Na Maślance Z Chrzanowym Purée)

食譜由雅格布‧耶傑斯基（Jakub Jezierski）提供

成品量6人份

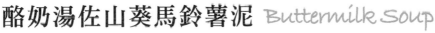

材料

〈白醬酪奶湯〉
牛骨湯或是蔬菜高湯8杯│2公升
酪奶（Buttermilk）4杯│1公升
有機無漂白中筋麵粉1/4杯│30公克
大蒜碎4顆
茴香籽2小匙
鹽
厚切培根6片

〈山葵馬鈴薯泥〉
適合烘烤的馬鈴薯，
儘量不削皮切成四塊2 1/2磅│1.2公斤
牛奶1/2杯│120毫升
奶油3大匙
山葵碎泥2大匙
新鮮研磨黑胡椒
鹽

做法

1. **自製白醬酪奶湯**：將高湯倒入大平底鍋中，用中火加熱至起泡。

2. 將酪奶、麵粉和大蒜加入中型碗內混合，倒入溫熱的高湯，加入茴香籽。用小火煨煮五至十分鐘，避免讓湯汁沸騰，不然酪奶會油水分離。加入鹽調味，然後將鍋中的湯保溫，同時準備煎熟培根。

3 將培根放入鍋中，以中大火香煎至酥脆。在一個盤子上鋪上一張紙巾，把煎好的培根取出，用紙將多餘的油吸乾。將培根切成兩半，放置一旁。

4. **製作山葵馬鈴薯泥**：在一個大湯鍋中倒入一半高的水，轉至大火加熱至沸騰，加入幾撮鹽，然後再放入所有馬鈴薯，煮至熟透。煮馬鈴薯的同時，將牛奶和奶油倒入另一個小平底鍋中加熱，直到奶油融化、牛奶尚未沸騰的狀態。先把煮馬鈴薯鍋子裡的水倒掉，再將馬鈴薯塊放回鍋中，加入山葵泥，再將牛奶分次倒入鍋中。一隻手握搗碎器或是叉子，一邊將馬鈴薯壓碎，使成帶有粗塊的泥狀。因為待會還要加入湯裡，所以不要將薯泥壓成太過液態的泥狀。試吃看看味道，用鹽和黑胡椒調味。

5. 將白醬酪奶湯分盛入湯碗中，接著舀一大湯匙馬鈴薯泥加到中間，再放上一塊培根就能享用了！

華沙
151

TIPS

◇ 我會保留馬鈴薯的外皮，因為我喜歡混搭的質地和薯泥混合的顏色。

 我實在很好奇這道湯到底是怎麼被煮出來的。是誰想到要將一個酸臭的發酵醃漬汁加進好好的一鍋湯內？對我來說，這根本是在下毒啊！雖然最初得知這道湯的做法時有點被嚇到，但它現在竟然已成為我的最愛之一，就像壽司，我想是我永遠也吃不膩的一道湯品。

駐外記者和作者的安妮·阿普爾鮑姆曾經很貼切地形容這道湯：

以某種角度來看，發酵裸麥酸麵包湯（Żurek）是最簡單，口味也最特殊的波蘭式湯品，尤其是對不熟悉這種烹調方法的味蕾。傳統上，這道菜餚是在復活節吃的，但現在全年都能在餐廳品嘗到。雖然湯的味道與西班牙與義大利的麵包和大蒜湯有異曲同工之處，但這道湯底既不是肉骨也不是蔬菜高湯，而是一種叫裸麥酸湯（Zakwas）的發酵汁液。

裸麥酸湯是酸麵包和俄羅斯式飲料卡瓦斯（Kvass）的遠方親戚。後者是由裸麥麵包和水製成的一種發酵微酒精飲料。在波蘭，在普通超市即可買到罐裝的裸麥酸湯。出了波蘭，就需要到特殊進口食品專賣店找找看，甚至可以上網購買。雖然這個汁液聽起來很奇怪，還有點恐怖，但實際上非常容易自己動手在家做，只是得花上幾天的時間準備。

發酵裸麥酸麵包湯很多變，它可以是細滑絲柔的清湯，也可以是摻雜火腿、香腸和馬鈴薯的濃湯。加入許多料的湯根本有當正餐食用的飽足感。復活節的季節限定版本會加入一種辣的白香腸，這種香腸是用小牛肉和醃豬肉混合製成，普遍稱作巴伐利亞白香腸（Biała Kiełbasa）。有時發酵裸麥酸麵包湯，就像它的義大利親戚熟麵包湯（Zuppa di Pan Cotto），會加上一顆白煮蛋在上頭。一成不變的是這種湯嘗起來一定酸、鹹又濃郁，這也是為何它如此與眾不同。

當然，湯汁的味道與酸麵包有神祕的關聯。從華沙開往我們位在比得哥熙（Bydgoszcz）附近的郊區別墅時，家人們經常會停在一家有酸麵包湯的路邊餐廳。這裡的湯是裝在一個掏空的深色麵包外殼的「碗」中。這是一個完美的組合，先將湯喝完，就可以吃到吸取滿滿湯汁精華的麵包皮。

一旦嘗過發酵裸麥酸麵包湯，它的味道將會永遠留在你心中。這也是為什麼

我總是推薦外國人第一次來波蘭時必須嘗看看，因為在其他地方都找不到類似的口味。多年下來，我遇到許多來訪波蘭的日本人。題外話，有出乎意料多的日本人來過這裡，蕭邦的誕生地可是很吸引人的！他們幾乎都會特別提到發酵裸麥酸麵包湯是令他們無法忘懷的波蘭料理。也許酸麵包湯和壽司之間有某種關係，但我將這留給其他人來分析好了。

這裡的食譜與在我的書《來自波蘭鄉村廚房》*(From a Polish Country House Kitchen)* 裡的很相似。這種做法的湯比較清淡，用蔬菜高湯代替水來熬煮。我也特別喜歡加入白山葵的辣勁，也許是同一個原因，我也偏好加入香腸而不是蛋。

如果找得到，盡可能用波蘭式的巴伐利亞白香腸或德式油煎豬肉香腸（Bratwurst），沒有的話就可以用輕辣的雞肉、小牛肉或豬肉所製的香腸代替。這些可以是生的香腸，因為在熬湯過程中會將肉煮熟。

發酵裸麥酸麵包湯（酸麵包湯、白羅宋湯）
Żurek Albo 'Barszcz Biały'
(Sour Bread Soup, or White Barszcz)

食譜由安妮・阿普爾鮑姆（Anne Applebaum）提供

成品量4～6人份

材料

〈裸麥酸湯〉

溫水2杯｜480毫升
裸麥麵包皮1杯｜225公克
裸麥麵粉1/2杯｜60公克
大蒜碎2顆

水6杯｜1.4公升
剝皮洋蔥2顆，一顆對切，
另一顆切小塊
胡蘿蔔，削皮1根
歐洲防風草根，削皮1顆
芹菜根，削皮1/2顆

大蒜細塊2顆
培根煎熟切塊4條
白香腸塊2 1/4磅｜570公克
白山葵碎泥1/4杯｜55公克
乾燥馬郁蘭1大匙
胡椒籽6顆
多香果（Allspice Berry）3顆
月桂葉1片
低脂鮮奶油1/2杯｜120毫升
搭配硬外殼的麵包享用，
依個人喜好自行添加

做法

1. **製作裸麥酸湯**（Zakwas）：先準備
發酵醃漬汁　在一個附有旋轉式蓋子
的大型儲存罐子內加入水、麵包皮、
麵粉和大蒜，放在溫暖的地方，例如
窗台上或在廚房櫃子內，約四至五天
後打開罐子，移除任何累積在罐子口
的黴菌。接下來將罐中的汁液倒出
過濾，剩下的酸味發酵液就是裸麥酸
湯。用量杯量取2杯｜480毫升的汁液
備用，其餘的裸麥酸湯可以仍裝在罐
子中，放在冰箱冷藏保存長達二週。

2. 將水、對切兩半的洋蔥、胡蘿蔔、
歐洲防風草根和芹菜根，加入一個大
鍋中，將火轉成大火煮至沸騰。然後
把火調小，不蓋鍋蓋，用小火熬煮約
四十分鐘。最後過濾出高湯，其中的
蔬菜丟掉。

3. 這時取另一個湯鍋，放入切碎的
洋蔥、大蒜、培根和香腸，用中大火
炒至呈焦糖色。加入過濾好的蔬菜
湯、白山葵碎泥、馬郁蘭、胡椒籽、
多香果和月桂葉，先煮至沸騰，再將
火轉小，用小火繼續煮二十分鐘。拌
入2杯｜480毫升裸麥酸湯和低脂鮮
奶油。把火轉至中大火，再次煮至沸
騰。取出月桂葉，即可盛進碗中上
桌。可以搭配麵包享用。

　　二〇〇七年第一次到華沙時，羅伯特（Robert）邀請我到U Kucharzy餐廳吃晚餐。這家餐廳正好位在華沙市區前共產主義時期的兩間旅館其中之一，剛好就在以前飯店廚房的正中央。那天晚上，我體驗了一場從未感受過的饗宴。餐廳裡的客人們就坐在忙碌的廚師們之中，望著準備餐點的身影，從湯鍋中瀰漫冒出的煙霧，更增添整體感官體驗的神祕感。廚房人員精心的演出帶領我們了解出餐過程，廚房的一切一清二楚的呈現在我們眼前。

　　有些菜直接在桌上進行。我從來沒有見過任何人像負責切生牛肉的年輕男廚師的手法如此精準。那裡的麵包師傅是位年長的女士，她帶著如祖母般的微笑，推了一車的自製蛋糕讓我們挑選。我第一次用餐時就聽了這裡的種種故事，聽著他們細數牛肉、奶油和豌豆是由哪位當地的農夫提供，還有我們享受的野味是如何被獵殺。現在回想起來，我才意識到，在華沙的這頓晚餐是我人生中第一次真正體驗所謂，農場直送餐桌（farm-to-table）的概念。

波蘭式酸黃瓜湯佐蒔蘿 Zupa Ogorkowa (Polish Sour Cucumber Soup with Dill)

食譜由羅伯特・塞力克（Robert Serek）提供

成品量4人份

材料

帶皮雞腿或雞翅6隻
水、雞高湯或蔬菜高湯6杯｜1.4公升
大韭蔥1枝
芹菜根，對切1枝
胡蘿蔔，削皮切丁2根
巴西里根，切成1/2吋｜12毫米的小段2枝
馬鈴薯，削皮切丁5顆
奶油1大匙
蒔蘿醃黃瓜，削成絲6條，另加蒔蘿醃漬汁3/4杯｜180毫升
多香果（Allspice Berry）4顆
月桂葉4片
鹽
裝飾用新鮮蒔蘿，切碎
酸奶7盎司｜200公克

做法

1. 在一個大鍋裡，倒入七分滿的水。加入雞腿（或雞翅），不要蓋上鍋蓋，用小火煮至沸騰。在鍋裡熬煮至少三十分鐘，最多四小時。記得將水表面的雜質撈除。

2. 當雞湯沸騰時，開始處理大韭蔥。先將頂端綠色的部分切除約1吋｜2.5公分，接著對切，將兩段韭蔥放入一碗冷水中，用手輕輕在水中攪和。過程中可能不時需要將髒水倒出，再加入清水，重複洗的動作，直到沒有任何泥土殘留。

3. 將韭蔥、芹菜根、一根胡蘿蔔和一根巴西里根加入湯鍋中，再煮沸騰三十分鐘。接著將高湯過濾到另一個鍋子內，將其中的蔬菜丟掉，可以把雞肉留下做其他用途。如果你想要喝更濃郁的高湯，再多熬煮二十分鐘。同時把一鍋鹽水煮至沸騰，加入馬鈴薯塊烹煮二十分鐘。

4. 將奶油放入中型平底鍋中，以中火融化，加入醃黃瓜、剩餘的胡蘿蔔和巴西里根，炒香十分鐘，注意不要炒太久。將炒好的蔬菜移至一個湯鍋中，接著加入先前的高湯、多香果、月桂葉和蒔蘿醃漬汁。試試看味道，依個人喜好加入些許鹽或更多醃漬汁調味，湯應該嘗起來有點酸且美味，接著加入馬鈴薯塊。

5. 將湯盛入一個大碗或是直接分盛入個人湯碗中，撒上切碎的新鮮蒔蘿裝飾，即可端上桌！用另一個碗盛著酸奶，放在餐桌上讓大家自由添加。或者直接在每個小碗旁配一匙，讓大家食用前自行攪拌入湯中。

華沙
159

New York 紐約市

屋頂上的午後：**布魯克林‧紐約**

親手做和與人共享食物是自我表達的態度

當你真心花時間體驗，一切都會更清晰、更甜、更純粹。分享食物是一種表達愛與自尊的方式。透過食物，我不僅給別人，也給自己更多的愛。當身心狀態都是好的，就能更完整的體驗所有東西，而且更想花時間瘦身。

但美食也可以是一把雙刃劍。正如飲食是照顧自己的方式，它也可以是一種讓人上癮並難以抗拒的慣性自我毀滅模式。我很喜歡在時裝界工作的時光，卻看到太多拋棄了自尊和忘記享受食物重要性的人。失去享受美食的能力，是一種連我都不會詛咒自己最大敵人的懲罰。不吃東西就是不尊重自己。不要誤會噢！時尚圈也有許多人注重健康。然而，只針對自我與有足夠的信心去關心更多人之間是有差異的。

要真正愛身邊的人，需要先學會愛自己。親手做和與人共享食物是自我表達的態度，更是我們與他人的相處之道。正是如此，我最親密的朋友們多年來都有與我分享美食的愛。即使是在膚淺的時尚界，我還是幸運的遇見了一群認真對待自己與他人的好朋友們。這裡要獻給她們，和最親愛的紐約市。

雖然聽起來有點陳腔濫調，但從來沒有任何一個地方像紐約市這樣讓我的心跳得這麼快。搭長途飛機的疲憊、過海關的等待、甚至時差問題，都阻止不了我坐上計程車從機場前往曼哈頓時的笑容。我感覺胃裡有如碳酸飲料般的汽泡，心臟裡翩翩起舞的蝴蝶也瞬間變成大型的史前翼手龍。一切都令我太興奮了！

這裡不斷給予我靈感，這座城市激勵我加快腳步

我不曾長時間住在紐約市，去感受這座城市帶來的金錢壓力。對我來說，我總能在這裡展現自己最好的一面，因為這裡不斷給予我靈感。這座城市激勵我加快腳步，又同時讓我感覺比以往還要輕鬆。

有件事令我印象深刻：那就是紐約市的女人。她們散發出一種不畏縮的特別風度。最激勵我的是那些身處都市叢林，卻保有溫暖心的女人們。

我之所以決定將麵包交換計畫帶到紐約市，就是因為我想要保存這座城市和這裡女人們所擁有的特殊精神。十月初抵達後，我邀請了幾位紐約所謂好女人。因為我並不認識她們，便詢問世界各地最親愛的朋友來推薦人選。如果他們是我，他們想邀請誰？我想要聚集有創意又不怕分享的女人，一群出自內心想幫助他人，為的是樂趣而不是逃避因果報應的女生。她們是懂得享受生活的女人，其中也包括懂得享受美食。

除了習慣攜帶旅遊的六雙鞋子和足夠各種場合穿搭的衣物，我的行李裡僅僅裝了一個廚房磅秤、交換得到的日本黑炭，與我的酸麵麵種。我完全不知道自己可以在哪裡烤麵包。我也沒有攝影師。只知道*Food & Wine*雜誌的吉娜・哈馬迪（Gina Hamadey）願意讓我借用她位在布魯克林公寓屋頂的一個星期天午後。

紐
約
163

我下定決心衝了，從這一刻起一切都很順暢

就像這座城市本身一樣，紐約的天氣可以很極端。星期三還很晴朗，但我們要聚會的星期天的氣象預報卻顯示會是很糟糕的一天。這個入秋的日子不但會有雨水，還有寒風。我開始考慮是否取消，延後至來春再舉辦聚會。這中間我們發現星期五的氣象預報是完美的秋老虎，但是距離星期五只剩下二十六小時，還有好多細節需要安排，這麼短的時間內不知是否能完成。

我和從洛杉磯來的朋友南西・巴哈曼（Nancy Bachmann）坐在格拉梅西公園酒店（Gramercy Park Hotel）的床上，討論各種可行辦法。同時，我的酸麵種正在淹沒房間裡的迷你酒吧（一定是因為等不及了）。

已經不可能在最後一分鐘取消這次聚會，因為有這麼多人參與，我們已經

邀請到二十多位女士。布魯克林的調酒大師凱莉‧莫瑞絲（Kari Morris）答應幫忙準備飲料，剛剛認識的艾拉‧切爾諾娃（Ira Chernova）和凱特‧肯寧漢（Kate Cunningham）自願協助為我們拍照記錄，Friends of Truth-Network網站的創始人凱薩琳娜‧瑞斯（Katharina Riess）已經準備送來她那款很棒的灰皮諾（Pinot Grigio）葡萄酒，琳達‧尼可拉森（Linda Niklasson）還特別從斯德哥爾摩飛來，要做完美的漢堡讓我們享用，而我的朋友南西則正好也在紐約。

我下定決心衝了，從這一刻起一切都很順暢。秋老虎的精神和暖風似乎正推著我前進。我只希望我們可能盡力做到最好。我們絕對做得到。

從未謀面的安娜貝爾（Annabelle），是位在《浮華世界》（Vanity Fair）雜誌工作的女生。她在我的部落格上讀到那則求救的日誌後，打電話問我是否可以幫上忙。她問我有沒有經費，我說沒有，但我能交換麵包，還有和紐約市很棒的一群女生相處的午後。兩個小時後，她已經找到花藝家泰勒‧派特森（Taylor Patterson）來幫我們佈置現場。一年前在柏林用佩蒂‧史密斯（Patti Smith）的自傳與我交換麵包的妮可‧莎拉查（Nicole Salazar），也告知將會帶著奶奶的拿手料理方塊千層乳酪酥（參照p.74）來參加。我的朋友維里‧佩卓娃（Vili Petrov）和另一位朋友的朋友凱特‧肯寧漢跑遍整個城市尋找相機底片。南西確保白葡萄酒會以適當溫度送達餐會。阮紅（Nhung Nguyen，音譯）則提早打烊，回家烤巧克力碎片餅乾，拯救我沒有甜點的困境。

正是這些開明的人，讓世界和麵包交換計畫如此特別

我則走到蘇活區（Soho），尋找願意讓我借用烤箱一小時的好心人士。我到休斯頓街上的多特斯餐廳（Russ & Daughters）精緻食品店尋求協助，我想他們通常會願意幫忙，因為他們更能體會堅持理想的執著。正當我站在堆滿鮭魚的櫃檯前解釋時，身後一位瑞士男子聽到了我們的談話。他說：「如果妳需要，可以用我餐廳的烤箱。」我問他烤箱是否可以承受我需要的火候，「我需要很熱的烤箱，要能達到550°F耶！」他回答應該可行，因為他也用那個烤

箱烘焙義大利佛卡夏麵包。於是他給了我他的電話號碼，並約定好晚一點過去借用烤箱。這就是我在大廚丹尼爾‧霍姆（Daniel Humm）的NoMad餐廳廚房烤出下午聚會麵包的故事。我認為正是這些開明的人，讓世界和麵包交換計畫如此特別。

　　當天下午的聚會並非完美無瑕。但對我來說，一切都是註定的。我認為這個十月份下午的聚會描繪了一個完整的畫面，包括所有激勵我的人，加上我喜歡紐約的種種原因。其中還有一個巨大的反差，就是即便在世界上最繁忙的城市喧囂中，人們還是可以讓你大吃一驚。他們全都沒有猶豫，放慢自己的腳步來享受並幫助需要的人。這座城市可能會在你計畫戶外的饗宴時，帶來強烈的風雨，但同一座城市也會在秋天給你一個宛如夏日的午後，並帶來無論如何都會排除萬難出現的賓客。這場聚會也見證了沒有任何事情不需要他人的協助來完成的這個道理。

紐約
165

　　這些飲料的顏色正符合初秋的季節，深紫色與暖黃色如我們在紐約市聚會當天的氣候。我與凱莉‧莫瑞絲直到那天她在屋頂上準備飲料時才初次見面，是經由一位從柏林來的共同朋友介紹認識。在非常匆促短暫的時間內，凱莉將一切安排好了，從餐桌上的玻璃杯到賓客離開時的小禮物都有。她真是一位能力非常好的女強人，也帶給人很多靈感。

洛神花薑汁調酒和鮮葡萄汽泡酒
Hibiscus-Ginger Cocktail and Concord Spritzer Cocktail

食譜由凱莉‧莫瑞絲（Kari Morris）提供

洛神花薑汁調酒　Hibiscus-Ginger Cocktail

成品量4人份

材料

過濾水2杯｜480毫升
乾燥洛神花1/2杯｜30公克
蘭姆酒1 1/2盎司｜45毫升

薑汁糖漿3/4盎司｜20毫升
新鮮檸檬汁1/2盎司｜15毫升
碎冰

做法

將過濾水煮至沸騰放入洛神花瓣，浸泡至水完全冷卻。將花瓣過濾出來，接著把洛神花水、蘭姆酒、薑汁糖漿和檸檬汁全加入一個裝著碎冰的調酒用雪克杯中。把杯子用力上下搖震，最後過篩倒入淺底玻璃杯中即可。

TIPS
◇ 洛神花水可以用有蓋子的玻璃罐裝著，放入冰箱冷藏保存可長達一星期。

鮮葡萄汽泡酒 Concord Spriter Cocktail

成品量1人份

材料

康科德（Concord）葡萄5顆
伏特加1 1/2盎司｜45毫升
薑汁糖漿1 1/2盎司｜15毫升

新鮮檸檬汁1 1/2盎司｜15毫升
冰塊
汽泡蘇打水

做法

先在一個調酒用的雪克杯底壓碎葡萄，接著加入伏特加、薑汁糖漿和檸檬汁。在雪克杯裡加入冰塊後搖均勻，過篩倒入放了新鮮冰塊的高球玻璃杯中，最後在上面填滿汽泡蘇打水即可。

家嘗試自製薑汁糖漿，加入用來調配這款調酒喔！

TIPS

◇ 凱莉喜歡選用紐約州北部當地產的康科德（Concord）葡萄品種。這種葡萄穿著一層粉白色外衣，看起來分外別緻靚麗。不過任何的甜葡萄品種都適用，所以就挑一種你最喜歡的吧！如果剛好還是你周圍地區種植的，那更好！

◇ 凱莉會做一種很特別的薑汁糖漿（取名為莫瑞絲廚房的薑汁糖漿）。初次見面時，她就是用一罐這個糖漿和我交換麵包。你也可以自己在

這個十月份下午的美好聚會描繪了一個完整的畫面，包括所有激勵我的人，加上我喜歡紐約的種種原因，也見證了沒有任何事情不需要他人的協助來完成的這個道理。

　　雖然我可以在市場裡逛好幾個小時，但我不喜歡花太多時間在廚房裡。不過當我在家招待客人時，我願意事前在廚房裡多花點時間。這樣一來，朋友們來訪時，我就有時間與他們盡情聊天相處。最理想的狀況是先準備好餐點，客人一到就可以開始品嘗葡萄酒，或是做比較簡易的料理，也就是我最喜歡可以在三十分鐘內迅速準備好的食譜的原因。最棒的是那種不管要幾人份都可以輕易備料的食譜。酸醃鮮魚（Ceviche）就是如此！

　　有了伊琳的秘魯家族協助，我們一起自由發揮，創作了一道我們喜歡的酸醃鮮魚食譜。

酸醃鮮魚　*Ceviche*

食譜與伊琳 S・卡恩（Elin S. Kann）共同合作

成品量6人份主菜、12人份前菜

材料

〈虎奶Leche de Tigre Tiger's Milk〉
新鮮萊姆汁2/3杯｜165毫升
鮮奶油1/3杯｜75毫升
哈瓦那燈籠辣椒，
橫向對切並去籽1/2條
大蒜碎1顆
冰塊4 顆
紅洋蔥，切薄片 1/2顆
猶太潔淨鹽（Kosher Salt）

地瓜，削皮1條
玉米，剝掉葉子1條
粉紅葡萄柚，去皮切塊2顆
哈瓦那燈籠辣椒，橫向對切並去籽1/2條
白肉魚，像比目魚或鰈魚，
切成1/2吋｜12毫米丁狀，一共要12盎司｜350公克
鮭魚12盎司｜350公克
紅洋蔥，切四等分後切薄片1顆
石榴果的果粒1顆
猶太潔淨鹽
新鮮香菜葉

做 法

1. **準備虎奶（醃漬醬汁）**：先將一個細網篩架在一個中碗上。將萊姆汁、鮮奶油、辣椒、大蒜和冰塊加入攪拌機中，攪拌至均勻滑順，然後加入紅洋蔥，再轉動打三或四次。將醬汁過篩進碗中，加入鹽調味。虎奶醬汁可以在前一天先備好，蓋好放入冷藏保存。

2. 在一個中型平底鍋中煮沸開水，架上一個蒸籠，將地瓜蒸熟，大約三十分鐘，直到可以用叉子插進的軟硬度。把地瓜放在盤子上冷卻，蒸鍋裡的水留在鍋子內。

3. 用同樣的方式蒸熟玉米，約二至三分鐘，保持玉米粒鮮脆的口感。把玉米放上盤子降溫至完全冷卻。

4. 將地瓜由橫向切對半，再切成1/2吋｜12毫米的骰子狀，接著把玉米粒切下，用量杯盛裝1/3杯｜45公克，保留剩餘的玉米粒供其他用途。把葡萄柚塊切成約1/2吋｜12毫米厚的薄片。

5. 用剖開的辣椒塗抹一個大碗的內側，塗好即可丟棄辣椒。把白肉魚、鮭魚、三分之二量的洋蔥、一半的石榴果粒和虎奶全加入大碗中，攪拌均勻，醃漬兩分鐘，如果你想要魚肉更

入味，可以醃漬更長的時間。接著拌入地瓜、葡萄柚、玉米粒，加入適量鹽調味。

6. 用一支漏勺將做法5分裝進小碗或盤子中，再從大碗中舀出些許醃漬的湯汁淋上。撒上一些留下的石榴果粒、紅洋蔥做裝飾，最後大方的加上一大把香菜即可上桌。

TIPS

◇ 我們選擇在醬汁中添加些許鮮奶油來降低整體的酸、苦味。但如果你想吃比較經典的口味，大可以不加這個材料。

◇ 醃漬的虎奶是其中的精髓，令人捨不得丟掉。我們有時會在當晚一小口一小口的暢飲，或是隔天早上給感冒或宿醉的人喝下。當然也可以加點葡萄白蘭地皮斯科酒（Pisco）調配成微辣的雞尾酒！

◇ 由於酸醃鮮魚是一道色彩鮮豔的菜色，我喜歡讓它美美的上桌。我會先把虎奶倒入一個漂亮的玻璃瓶內，這樣在裝盤時可以更加容易使用，也比較有趣。

◇ 如果你是在船上或是一個溫暖的地方製作這道酸醃鮮魚，在醃漬時加入幾顆冰塊是維持魚肉鮮美的好方法。但記得不要加太多，冰塊才不會在溶化時過度稀釋醬汁的味道，讓味道變淡。

不論是生活、工作或享用美食，紐約市的女人總是散發出一種不畏縮的特別風度。

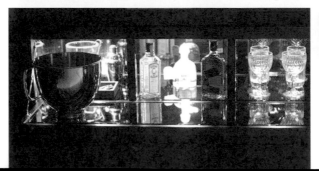

我發現分享時自己受益最多。要交換的人必須先意識到自己的特殊才藝,或者是在生活中已足夠的物質再來分享。

　　挑選葡萄酒時，我們會考量葡萄品種、熟成度、地區以及其他變數。基本上，牛肉也是一樣。飼料、品種、養殖、脂肪含量以及熟成度都會影響口味、質地和表面外觀。對我來說，最理想的漢堡肉排一定要有酥脆的外皮，咬開卻是鮮嫩多汁。

　　就像一條手工酵母酸麵包，好的漢堡肉排也僅需要三種主要成分：牛絞肉、鹽以及黑胡椒。因此，使用最高品質的肉是關鍵。受到健康養殖過程的動物，吃起來的味道比較好，而且你也會感覺比較好。建議你向附近肉販詢問，並購買來自人道對待動物的農場的高品質肉類。再嘗嘗看、親自體驗好肉吃起來有什麼差異！

最完美的漢堡 The Perfect Burger

食譜由琳達・尼可拉森（Linda Niklasson）提供

成品量4人份

材料

牛絞肉2磅 | 910公克
鹽1/2小匙
新鮮研磨黑胡椒1/4 小匙
配料，像漢堡麵包、蕃茄醬、芥末醬、美乃滋、生菜、蕃茄、洋蔥和醃漬黃瓜等等都可以

做法

1. 如果要直接在炭火上烤肉排，先準備好煤炭。

2. 輕輕的混合牛絞肉、鹽和黑胡椒，注意不要過度壓擠成泥。將肉分成四等分，小心的將每塊塑型成肉排的形狀。每塊肉排要剛好緊實到香煎或烤時，可維持肉排的形狀而不會散開。

3. 將漢堡肉排放在烤肉架上，以高溫烤，每面烤約三至五分鐘，直到用烤肉溫度計測量時，肉排最厚實的部分達到130℉｜54℃。

　　這道食譜是我用一條在NoMad餐廳廚房烤的麵包交換得到的。我請瑞妮幫我做一道鮮蔬菜餡來搭配漢堡。我想要一個不同於典型漢堡配菜的素菜，它要能夠獨立呈現，卻也可以與漢堡的味道互補。同時，最好可以展現紐約豐富的農產品。她逛市中心的聯合廣場農夫市場（Union Square Market）時令蔬菜時，想到可以做「kadubouranee」，一道她最近愛上的阿富汗料理。依照傳統，香甜的烤南瓜通常會配上熱的羊肉或牛肉與冷的大蒜優格醬汁做對比。她借用了這道料理的口味，但改變了其中的食材，並以簡單烹調的方式處理，只添加些許調味來凸顯蔬菜原本的味道。

楓糖香烤南瓜沙拉
Maple-Roasted Pumpkin Salad

食譜由瑞妮・包曼（Renee Baumann）提供

成品量6人份

材料

〈楓糖烤南瓜〉
南瓜1 1/4磅｜570公克
楓糖漿1/4杯｜60毫升
研磨胡荽子1/4小匙
海鹽和新鮮研磨黑胡椒

〈大蒜優格醬〉
中型大蒜2顆
酸原味羊奶優格2杯｜480毫升
海鹽
紅酒醋，依喜好自行添加1大匙
用來裝飾的葵花芽苗
香烤榛果或核桃油，攪拌沙拉用
用來裝飾的紫色胡蘿蔔，切薄片

做 法

1. **處理南瓜**：將烤箱預熱至425°F｜220°C。將南瓜切對半，把中心的籽和纖維絲挖出，再將果肉切成3吋｜7.5公分的半月狀。小心切除每塊南瓜皮，這裡需要點耐心。接著把每塊再切小成1/2吋｜12毫米的小丁。挑出不是丁狀的南瓜，留下供其他用途。把一塊塊小骰子狀的南瓜鋪上烤盤，淋上楓糖漿，撒上胡荽子、鹽、黑胡椒，放入烤箱烤約十二至十七分鐘，或直到仍保有嚼勁的熟度。

2. **製作大蒜優格醬**：將大蒜從橫向對剖，去除中心的綠芽後再將大蒜剁碎。將大蒜碎末、優格放入中型碗內，攪拌均勻，讓大蒜碎在優格內靜置十分鐘，等待香氣散發出來。加入鹽和紅酒醋調味，依個人喜好可隨意增加兩者。如果你使用的是濃郁的優格，也許根本不需要添加任何醋。

3. 上桌前，把葵花芽苗與少許的核桃油攪拌在一起。在南瓜上疊一堆的葵花芽苗，最後淋些許大蒜優格醬。可以用紫胡蘿蔔片裝飾。

4. 看你的心情或當下的季節，這道菜可以當作溫沙拉或冷盤食用，都很好吃！

紐約
181

仲夏節

仲夏夜仙境

從小只要有機會，我就會全心投入慶祝這個傳統

仲夏夜是充滿魔力與隱藏之力的夜晚，尤其與愛情和生育力相關。這是一年中最長一日的前夕，也是太陽永不下山的夜晚。數千年來，瑞典人的習俗是舉行一種儀式來感謝神明，並大肆慶祝這個夜晚的魔力。在我的家鄉，有個傳說是幸運的女人會在仲夏夜夢見她未來的丈夫。這是多麼的神奇，也當然是我們迫不及待想知道的事情，所以從小只要有機會，我就會全心投入慶祝這個傳統。

早在我還沒有發現男生之前，我的大表姊和她的朋友們就已傳授仲夏節的傳統給我了，那時我才四歲吧！但你也知道，早點學會好贏在起跑點囉！我記得女孩們不是穿著長長的白色洋裝，就是穿著傳統民族服飾，而她們的頭上則戴著編織的野花環。姊姊們牽著我的手，帶領我完成一系列長長的任務名單。我對一切都很好奇，又激動又興奮的睜大眼睛過了奇幻的一夜。

你可以自己在家嘗試這個習俗。先在野叢中摘取七朵不同品種的花，野草不算噢！每拔一朵花，你就要跳過木籬笆或圍欄一次。如果你在瑞典的鄉下，這其實不困難。但到了其他地方就不一定了，我有許多次都得視當下情況即興發揮。有一年在巴黎，我只能在馬路中間分隔島摘取花朵，然後跳過瑪黑區所有的施工圍欄。又或有一次在美國科羅拉多州，我們怎麼都找不到足夠的野生花草，所以最後朋友的媽媽幫我們購買了鮮花。根據多年來的經驗，我現在可以告訴你，還是乖乖遵守規矩吧！不管你在瑞典或其他地方，作弊是行不通的。

假若你正確的完成所有步驟，你將會夢到此生的摯愛

就像所有重要的儀式，建議你要先讀清楚遊戲規則再開始。有兩條你必須嚴格遵守的規則。第一，你必須在整個過程中保持安靜，一句話都不能說。第二，你也不能笑，直到隔天早晨醒來都必須遵守這兩個規則噢！

聽說還有一種方法能增強這個儀式的魔力，就是趁晚上到墓地摘取鮮花。我還沒有嘗試過，但令人欣慰的是如果我真的感到絕望，至少還有最後這個辦法可以試試！

當你摘完所有的花後要直接回家。進到臥房後，將所有鮮花鋪在你的枕頭上再入睡。假若你正確的完成所有步驟，你將會夢到此生的摯愛。

然而到目前為止，仲夏夜的魔術並沒有在我身上發生過。但老實說我已經盡了全力。雖然結果總讓人難以接受，但我了解一切的原意了。不是我永遠不會結婚，就是我不斷做錯一部分的儀式。我大概能猜到造成魔法失靈的罪魁禍首，一切都是因為我們在過程中不斷發出的笑聲。但想想如果逼我不能笑，那算了，我寧願不結婚好了。

我們穿著白色洋裝，和野生花草與美食一塊野餐，徜徉在我們的仲夏美夢中。

你已經摘下花朵、跳過圍欄，然後又一夜好眠。但一覺醒來，什麼也沒有，枕頭上只剩被壓扁的一束小花。你的摯愛沒有與你在夢中相見，而你正猜想自己做錯了什麼？但你想不透，甚至開始考慮是否要單獨過下一個仲夏夜慶典。不要這樣做，根本不值得。

如果你認為自己的生活到達了連仲夏夜都沒有辦法幫你找到愛的境界，不要驚慌，這裡有一個備胎計畫。我的朋友蘿拉・辛蜜拉・維拉紐瓦・古艾拉（Laura Ximena Villanueva Guerra）用我的仲夏節故事為靈感，烤了這個魔法蛋糕。這是適合與你愛的人分享的一個蛋糕，或是與你想一起過一個浪漫夜晚的伴侶。不過要當心你吃了多少，零陵香豆可是有催情的效用。

蘿拉的魔法仲夏蛋糕
Laura's Magic Midsommar Cake

食譜由蘿拉・辛蜜拉・維拉紐瓦・古艾拉（Laura Ximena Villanueva Guerra）提供

成品量12人份

材料

〈蛋糕〉
雞蛋，將蛋黃與蛋白分離6顆
極細砂糖約2杯｜240公克
香草豆莢1根
有機無漂白中筋麵粉或是405號麵粉（Type 405）
約1 1/2杯｜185公克

〈果醬〉
大黃，去皮切成3/4吋｜2公分的塊狀1 1/2磅｜680公克
極細砂糖1杯｜225公克
香草豆莢（製作蛋糕時留下來的）1根
檸檬皮屑1小匙

〈白巧克力甘納許〉
比利時白巧克力碎1 1/4磅｜570公克
高脂鮮奶油1杯｜240毫升
零陵香豆（Tonka Beans）1小撮

〈鮮奶油餡〉
高脂鮮奶油1杯｜240毫升
糖粉2大匙
無味吉利丁片3片 或吉利丁粉3.75公克

裝飾用的新鮮草莓，洗淨後去果蒂、切對半2 1/2磅｜1.2公斤

〈蛋白霜〉
常溫雞蛋白6顆
極細砂糖3/4杯＋2大匙｜200公克
糖粉1 1/2杯｜210公克

〈外層鮮奶油〉
高脂鮮奶油1杯｜240毫升
糖粉1大匙
無味吉利丁片1片 或吉利丁粉1.25公克
裝飾用的食用花類，例如旱金蓮花、波斯菊、蜀葵或紫羅蘭

做法

1. **烘焙蛋糕**：將烤箱預熱至350℉｜190℃。在一個10吋｜26公分的分離式蛋糕模具內圈塗上奶油，鋪上烘焙紙防止麵糊沾黏。煮一壺熱開水，煮至即將沸騰即可。在一個小碗中，放入蛋黃快速打發，放置一旁備用。接著用桌上型直立式攪拌器，接上球形（鋼絲）攪拌頭，用高速打發蛋白，然後慢慢加入6大匙｜90毫升熱水，繼續打發至蛋白呈稍微堅硬的泡沫狀，提起球形攪拌頭時蛋白會凝固。將轉速調低，慢慢加入極細砂糖。接著對剖香草豆莢，刮出香草籽加入蛋白霜裡，香草豆莢留下，等一下用來調味果醬。繼續攪拌至少十分鐘，或直到蛋白霜呈現亮滑的色澤。用一支橡膠刮刀輕輕的將蛋黃由下而上混入蛋白霜中。將麵粉過篩進碗中，小心

的將蛋與麵粉混合至完全均勻，再將麵糊倒入先前準備好的蛋糕模具中。

2. 放入烤箱烘烤三十五分鐘，或是直到蛋糕表面呈現淺金黃色澤。將蛋糕從烤箱取出，放置等待完全冷卻。

3. **製作果醬**：將切好的大黃放入一個大型平底鍋，拌入極細砂糖，加入剛才留下的香草豆莢、檸檬皮屑，用中火煮約五分鐘，直到大黃軟化，記得別將大黃煮過熟到全部散掉，要保持一些果肉的質地。將鍋子移開爐火，讓果醬自然完全冷卻。

4. **準備白巧克力甘納許**：將白巧克力放入一個中型攪拌碗內。用一個小鍋以中大火把鮮奶油煮至幾乎沸騰。接著將熱的鮮奶油淋上裝有白巧克力碎的碗中。將一小撮零陵香豆磨碎在上面。讓整碗閒置一旁約五至八分鐘，不要攪拌，直到白巧克力碎融化，最後再慢慢攪拌直到白巧克力甘納許完全均勻滑順。

5. 將蛋糕從烤模中取出，小心的撕去周圍的烘焙紙，蛋糕體由橫向切成三層。把第一層放入模具圈中，塗上一層、約三分之一量的白巧克力甘納許，放入冰箱冷藏定型三十分鐘。接著在凝固的白巧克力甘納許上倒入一半大黃果醬，再蓋上第二片蛋糕。在蛋糕上面抹上約三分之一量的白巧克力甘納許，再次冷藏三十分鐘。

6. **準備鮮奶油餡**：將鮮奶油、糖粉、泡軟的吉利丁片（擠乾）全放入桌上型直立式攪拌器的碗裡混合，開始攪打，直到打發至稍微堅硬，鮮奶油宛如雪峰的狀態。

7. 將白巧克力甘納許塗上第二片蛋糕，再排上草莓，剖面朝下。在草莓上塗滿鮮奶油餡，並疊上第三片蛋糕。在最上面抹上最後剩下的白巧克力甘納許，放入冰箱冷藏三十分鐘。從冰箱取出後，在最頂端塗上剩餘的大黃果醬。將整個蛋糕放入冰箱冷藏過夜。

8. **隔天製作蛋白霜**：烤箱預熱至250℉｜120℃。在一個10吋｜26公分的分離式蛋糕模具內圈塗上奶油，鋪上烘焙紙防止沾黏。接著用桌上型直立式攪拌器，轉上球形的攪拌頭，用高速打發蛋白約十分鐘。蛋白應該會呈現稍微堅硬的泡沫狀，提起球形攪拌頭時會凝固。慢慢的將糖粉過篩入蛋白霜，用一支橡膠刮刀輕輕將糖粉翻摺（拌）進蛋白霜裡，直到完全滑順。

9. 將蛋白霜盛入準備好的分離式蛋糕模具中，因為蛋白霜加熱烘烤時會膨脹，所以在蛋白霜和模具圈之間保留約1/4吋｜1毫米的空隙。用湯匙的背面在蛋白霜表面輕輕的沾一下並提起，製造一個一個小尖峰，重複直到佈滿整個表面。將烤箱溫度調降至210℉｜100℃，把模具放入烤箱，以低溫烘烤蛋白霜約四十五分鐘，每十五分鐘檢查一下是否變色。我們的蛋白霜是要烤乾，不是烤成褐色。如果表面開始變深色，可將烤箱溫度降低25℉｜10℃。當蛋白霜摸起來觸感堅硬，即可從烤箱中取出降溫，直到完全冷卻。

10. **準備外層鮮奶油：**用一台桌上型直立式攪拌器，將高脂鮮奶油、糖粉和泡軟的吉利丁片（擠乾）快速混合打發至凝固的泡沫狀。

11. 將蛋糕從冰箱中取出，移到一個盤子上，小心的將模具打開並取下。慢慢從蛋白霜的邊緣將整圈的烘焙紙剝下，把蛋白霜放在蛋糕上面。將鮮奶油糖霜塗在蛋糕周圍。最後用可食用花朵裝飾蛋糕，或像我們放上草莓的葉子也行。

◇ 市面上的砂糖和極細砂糖是非常不一樣的，這個食譜要用到後者，因為極細砂糖的小分子比較容易與蛋糕麵糊和糖霜混合。

◇ 這個蛋糕沒有添加小蘇打粉，而是單純靠打發的蛋白來製造蛋糕的蓬鬆質地。等到最後再翻摺麵粉進入蛋糕麵糊也是重要的一個環節，太早加入麵粉的話，蛋糕體會變得比較扎實。

◇ 新鮮高品質的雞蛋是不可或缺的一項食材，巧克力也是。每次我們在測試這個食譜時，蘿拉都只使用高品質的比利時巧克力。

◇ 美國食品和藥物管理局將零陵香豆（Tonka Beans）列為嚴禁食品，而市面上並沒有很好的替代品。如果你找不到零陵香豆，可以改加入一條新鮮香草豆莢刮出的籽。

　　為心愛的人煮菜是一個實際表達感情的好方式。耗費心思又淚流滿面的將紅洋蔥剁成小細塊，跟用言語說「我愛你」根本是差不多的意思啊！曾經有人跟我說：如果對方無法對你用心準備的一餐表達感謝，那這個人絕對不值得你的感情。這是我這生得到最真誠的烹飪建議之一。

仲夏檸檬魚肉末醬
Midsommar Pâté with Fish and Lemon

食譜由洛塔‧隆格倫（Lotta Lundgren）提供

成品量約6～10人份

材料

常溫的雞蛋，將蛋黃與蛋白分離5顆
檸檬皮屑和果汁2顆，外加檸檬片1顆
高脂鮮奶油1 1/4杯｜300毫升
鹽1小匙
玉米粉，過篩1/2杯｜60公克
白肉魚2 1/2磅｜1.2公斤
酸奶油6大匙｜90公克
紅洋蔥碎1/2顆
魚子醬6大匙｜95公克
小顆馬鈴薯，水煮後冷卻2 1/2磅｜1.2公斤

做法

1. 將烤箱中的烤架移至中層，預熱烤箱至325℉｜165℃。在一個大碗中將蛋白打發至呈現雪白色泡沫狀，放置一旁備用。

2. 將檸檬皮屑、檸檬汁與蛋黃、鮮奶油、鹽和玉米粉一起加入大碗裡，攪拌均勻。

3. 將白肉魚切成1/2吋｜12毫米塊狀，加入蛋黃麵糊，接著再將魚肉拌進打發的蛋白中。

4. 在一個12×3×3吋｜30.5×7.5×8毫米的小烤盤內先塗上一層奶油，再鋪上烘焙紙，將魚肉醬用湯匙舀入。放入烤箱，烤到魚肉醬用指尖輕輕按下時是扎實的硬度，時間約四十至五十分鐘。

5. 可以趁魚肉醬還熱時立即上桌，或是等到微溫，也可以冷的食用，並搭配酸奶油、紅洋蔥、檸檬片和魚子醬。六月的瑞典盛產小顆的「新」馬鈴薯（New Potato），所以我喜歡將仲夏夜的魚肉末醬與很簡單的水煮馬鈴薯一起上桌。

「航行是必須的（Navigare necess est,）」是我爸爸最喜歡的座右銘，意思是說人必須航行。他寫給我的每張生日卡上，或在我每次的畢業典禮，以及任何重要人生里程碑都一定會提到。不過他總是跳過這句名言的第二段：「但生活不是（vivere non est necesse）」。

我在生活中的許多時刻都會想到這句話：人必須航行。並不單單因為我與爸爸一樣是熱情的水手，而是我認為這句話幫我更加理解周圍的事物。我提醒自己，當我花時間去了解風浪的動靜時，我能更輕鬆隨意的乘著浪從A點到達B點。這與烤麵包是一樣的道理，我需要用心去理解和感受，才能讓麵團達到我要的狀態。

紅胡椒醃鮭魚 Rose Pepper Gravlax

食譜由卡爾‧古斯塔‧艾姆莉德（Carl Gustaf Elmlid）提供

成品量約6～10人份

材料

鮭魚菲力排2 1/2磅｜1.2公斤或者整條鮭魚，
洗淨從中對剖開3 1/2磅｜1.6公斤
鹽5大匙｜55公克
砂糖2～3大匙
粗碎紅胡椒粒1小匙，外加些許裝飾用
粗碎白胡椒粒1小匙
新鮮蒔蘿3把，外加一些裝飾用
萊姆1顆

做法

1. 開始製作這道菜前,要先將鮭魚放入冷凍庫裡冰凍至少兩天。新鮮魚肉上可能會有寄生蟲,所以要透過冷凍來破壞生長。當魚肉完全解凍時,才開始醃製過程。

2. 在一個小碗裡,拌上鹽、砂糖、紅胡椒粒和白胡椒粒。我爸爸做的醃鮭魚比其他許多食譜所用的糖來得少。更多的糖會使醃製鮭魚的口感與味道更滑溜,但我喜歡我的鮭魚具有更強的香草氣味,跟我爸爸一樣。

3. 將三分之二量的做法2調味料撒在鮭魚肉的剖面上,加上蒔蘿,再將另一半鮭魚蓋上,兩片的剖面面向一起。將上層魚片的頭和尾巴與下層的交錯,所以一片魚肉厚的部分會在薄的上面,我爸爸都稱這為「從頭到腳」。接著將魚肉放入一個寬塑膠保鮮夾鍊袋中,將剩餘的做法2調味料塗在魚皮上。將夾鍊袋拉起來,再套上另一個塑膠袋,以防任何汁液流出。將袋子平放在一個大盤子上,放入冰箱醃製。在醃製的過程中,總共要將塑膠袋翻面四次,也就是讓上下魚片相反對調。厚片的魚排需要醃製兩天,而較薄的大概一天半即可。打開塑膠袋,將鹽水倒掉,刮下胡椒粒

和蒔蘿葉。現在應該可以很容易清除任何剩餘的骨頭。用長刀將魚從對角線切成薄片。

4. 準備上桌前,將一些新鮮蒔蘿切碎,萊姆切對半。在醃鮭魚片上撒更多的紅胡椒粒和蒔蘿,擠上萊姆汁即可食用。

TIPS
◇ 我爸爸時常將醃鮭魚片搭配芥末醬,以及麵包來當作前菜,或是加上水煮馬鈴薯就變成主菜了。

來交換麵包吧

在我的家鄉,仲夏夜的
傳說是多麼的神奇,所
以從小只要有機會,我
就會全心投入慶祝這個
傳統,當然我的朋友們
也都是。

Kabul

喀布爾

曾經，阿富汗是世界的中心，
但如果你現在問當地居民，她依然還是。
過去幾個世紀，屹立不搖，是各種文化與傳統交流的聚集地。
坐落在古早絲路連結歐洲與東方世界的交叉點上，
她的黃金地理位置，是建築阿富汗文化的重要推手。

歷史上，
阿富汗的王朝，
從貴霜帝國（Kushans）到加色尼（Ghaznavid）的蘇丹王們，
以及杜蘭尼統治者，都對世界文明貢獻許多。
無數戰爭曾在阿富汗的土地上發生，
每一次的入侵者也都留下了自己的印記。故事一直以來都是這樣的，
昨天、今天、大概明天也還是。

與大師的課程：**喀布爾·阿富汗**

無論我們去哪裡，都會將所見所聞寫下來

　　現在看到關於阿富汗的報導，似乎都在描繪一種世界的盡頭。不過當我到那邊烤麵包時所見到的情景並非如此。我是與男友馬諦斯（Matthias）一起來到喀布爾。他是一位職業國際記者，為德國最大的雜誌《明鏡》週刊（*Der Spiegel*）工作。從二〇〇三年起，他就時常到喀布爾和阿富汗其他地區出差，報導戰爭對當地社會的影響。不出意料，戰亂報導的性質與生死和悲傷緊緊相連。同一個地區，我只到過杜拜、埃及和杜哈，這些地方都不曾受戰爭所困。與許多人一樣，我對阿富汗的認知有限，僅止於從遠方的關注，透過閱讀嘗試去了解他們的觀念。

　　雖然在這之前我從來沒有踏上阿富汗的領土，但因為馬諦斯過去的文章，我對這裡有股熟悉感，內心許多的感觸來自對他安全的擔心。每當我讀到炸彈客引爆炸彈，都一定會盯著手機螢幕，一直等到他傳訊息給我才能安心入睡。這種心情是在聖誕夜等待心愛的人從雪中開車回家的人才能理解的。但這是我每天的生活，我也承認有時很難承受。

　　馬諦斯和我一年中有一百七十天出門在外旅遊。無論我們去哪裡，都會將所見所聞寫下來，記錄對我們來說重要的事。但我們的觀點非常不同，我的故事比較輕鬆，總是希望可以帶來正面的力量，有些人可能覺得不真實。戰爭報導則逃不出黑暗與戲劇的色彩，客觀來說，我個人會稱這為現實。

擁有美麗風景、魔法和古老神話的國度

　　來自阿富汗戰地的報告非常重要，但是當我閱讀時，卻感覺不到文字有辦法轉達故事完整的樣貌。我不曾親身體驗戰爭，所以讀這些報導時會有戰爭停止時間的錯覺，不小心忘掉戰爭打亂他們人生的那一刻，當地的人正過著平凡的日子：吃飯、烤麵包、睡覺、笑、開玩笑，還有墜入愛河。戰爭並不會阻止人民生活，但會提高日常生活的危機意識，安逸也成為一種賭注。

　　我從馬諦斯那邊聽到的阿富汗，與從西方媒體看到的故事完全不同。他每次回到柏林，或是用那個對我來說已經像德國號碼一般的阿富汗手機與我聯絡時，從他口中聽到的都是一個熱情好客，擁有美麗風景、魔法和古老神話，又忠貞、自豪、有實力的國度。她是一個溫暖的地方。故事可能來自同一個世界，但是從完全不同的角度所敘述。

要我推掉有幸前往喀布爾的機會，我一定會後悔

　　馬諦斯最不常向我提起的一件事，是那邊的女性。他身為一個男子，又來自西方，在當地往往很難有與阿富汗婦女接觸的機會。尤其是在周遭沒有任何阿富汗男子的情況下更不可能。但他告訴我，給予阿富汗女性更多平等的權利，將會促進國家和平。可是很多時候我提出關於當地婦女的問題時，還是得不到任何回應。我也經常問馬諦斯，為什麼他不為雜誌專欄多寫這些他與我分享的故事。當然，他工作時只會寫出所看到的一小部分，但有時我覺得最有趣的故事似乎總是被排除在外。沒機會與讀者見面的故事，才是我最想閱讀的，才是能真正讓我與人交流的故事。

　　當初我很猶豫是否要將前往阿富汗的故事寫成這本書的一部分，我很害怕動機被誤解。相信我，我並沒有前往戰區的衝動。但是，要我推掉有幸前往喀布爾的機會，更讓我覺得不對勁。如果不去，我一定會後悔。更重要的是，這趟行程對我個人還有與馬諦斯共同的生

活都很重要。就像這本書裡其他的地方一樣，都是啟發我的一個旅程。

那些快樂、溫暖的故事帶給我們笑容，也讓世界變得更好

我相信我們都有能力，也有相當的責任，來決定我們看到的世界和自己的生活方式。有時，只要改變視野，事情便能好轉。舉自己的例子來說，每當感到柏林的冬天盡頭遙不可及時，我會試著享受一碗湯，以及和朋友相約看一場電影，而不是去煩惱為何春天還遲遲不來。即使在糟糕的時刻，我們都有選擇自己鏡片色彩的權力。大多數時候，我偏好美麗又古怪的鏡片，因為這是讓生活變得更有趣的方式。我希望可以看到不受掩飾的缺陷、欣賞任何不完美。在抵達喀布爾的幾分鐘內，我的鞋子立刻深陷在濕泥內。我大可以開始詛咒泥巴，但我決定用微笑帶過，將這個片刻作為體驗阿富汗的開端，大街上的泥巴迫不及待要歡迎我進入喀布爾。

喀布爾

207

我用這種主觀的方式讓生活更加有意義，但效果有好有壞。無論如何，如果不放手一搏，嘗試扭轉眼前的事實，我才會淪為最大的輸家。我相信樂觀看待事物可以讓世界變得更美好。有一些小事，像是享受與朋友相處的當下、大方為別人盡一份額外的力和多一些微笑，都可能會大大影響他人的生活，而且遠超過我們想像的範圍。我認為大家都應該朝這方向前進。儘管如此，世界還充滿許多更大、令人痛苦的缺陷。我並非要否認這些問題的存在，也不是說一個人必須跑到阿富汗才能講一個故事。我真心覺得清楚的意識與在地的小活動是足夠的，這些也正是最常啟發我寫部落格的靈感。

在旅途中，好的故事遠多於負面的力量

在決定要寫前往喀布爾的故事時，我知道並不能忽略那些親身面對恐懼的

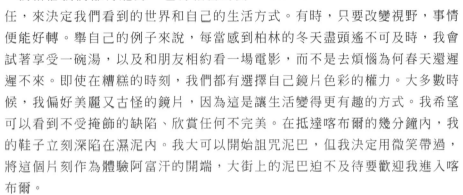

時刻，或是沿路看到的悲傷，以及聽到心急的家長所提及的焦慮。有人告訴我他們的親戚遭害。還有一次，我坐在車裡被勒令交出護照，在那之前，我們才剛遇到一位配有AK-47步槍，並大聲吼叫的警察，他因為抽取鴉片過度興奮，甚至沒有注意到外面正下著大雨。到處都有持有武裝配備的人群，我們通過武裝檢查站的次數，比在巴黎街頭經過的書報攤還多。

我們得到含糊的警告，「不要在錯誤的時間在錯誤的地方」，接著就發現我們早上八點半被困在塞車的馬路上，卡在警衛檢查站前。我只能坐在車內，祈求這天沒有自殺炸彈客打算在上午引爆任何炸彈。來到喀布爾前，我一直很擔心綁匪出沒。但抵達當地後，才知道這邊的幼兒與婦女每天都活在被綁架的陰影下。光是二○一二年，就有一萬名兒童的失蹤案例。有位爸爸告訴我，因為親戚的兒子被綁架了，所以至今不准他五歲的兒子在自家外安靜的郊區街道上玩耍，雖然他清楚知道這意味著他的孩子與太太都會因此與社區脫節。

但在旅途中，好的故事遠多於負面的力量。我認為那些關於簡單快樂、溫暖的故事，不管是發生在喀布爾、柏林或舊金山，與討論戰爭的故事一樣重要，值得被分享。這些故事帶給我們笑容，也微微的讓世界變得更好。

來到喀布爾之後，我藉機了解阿富汗文化中出外買菜往往是一家之主、先生的任務。

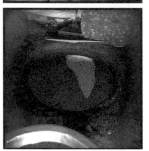

我認為那些關於簡單快樂、溫暖的故事，不管是發生在喀布爾、柏林或舊金山，與討論戰爭的故事一樣重要，值得被分享。

我來喀布爾是為了親自了解當地生活

我與春天同時抵達喀布爾。那天是三月二十一日,也是波斯新年一三九二的第一天(也稱作諾魯茲,Nowruz)。春天的第一天在當地是全國共同歡慶的重要節日,阿富汗人喜歡在這天外出野餐和大肆慶祝。戶外的泥地仍有前幾天豪雨浸漬過的水氣,但這不減大家的興致,公園和清真寺大排長龍、滿滿的人潮。而潮濕的地面也讓喀布爾平時過多塵害的有毒空氣似乎稍微清新一些。

抵達時,這個國家正處於尷尬的時機,並沒有戰爭卻也不是和平狀態。為了不被塞在車陣中,馬諦斯選擇步行到皇宮去見卡爾扎伊(Karzai)總統。但我一個西方女子,沒有其他選擇,只能乖乖以車代步。雖然我包住了頭髮,也將身子裹在羊毛帕圖中(Patu是一種傳統阿富汗長毯布巾),但路上並不安全。這不是針對我個人,而是對所有人都一樣危險。

我來喀布爾是為了親自了解當地生活,其中一個目標是學會如何煮阿富汗的菜餚。我也想花時間與當地女性相處。更重要的是,我想了解他們如何烘烤出那麼好吃的麵包。對我來說,逛喀布爾的市場是一個全新的體驗。我特別喜歡到當地的市場考察,透過與商家和正在選購的顧客聊天,是學習新知識的好辦法。在這個早晨,我在市場只遇到一位女性商家在賣手鐲,也只觀察到少數女性出門購物,而且她們全都身著伊斯蘭教的長版罩袍。我藉機了解阿富汗文化中出外買菜往往是一家之主、先生的任務。幸好我不會長期住在這裡,因為花時間逛市場是我的樂趣啊!如果女性不得已必須到市場上,她們會挑晚上出門。只能說,我是在錯誤時間出現在市場的一位女子,但我特別享受早晨的陽光。

阿富汗國家餐飲文化中不可或缺的角色

「麵包」在我去過的國家中,都遠不及它在阿富汗國家餐飲文化中扮演

我來喀布爾其中一個目標是學會煮阿富汗的菜餚。我也想花時間與當地女性相處,瞭解她們如何烘烤出那麼好吃的麵包。

如此不可或缺的角色。最常見的是烤薄餅（Naan），口感類似伊朗的拉法奇麵包（Lavash），也像變化過的印度或巴基斯坦餅皮。在阿富汗，麵包不只是餐點的一部分，也是飲食動作的一部分。阿富汗人用麵包代替叉子和湯匙，只以右手餵食，直接引導食物到口中。遇到的人告訴我，他們平均每個人每餐可以獨自吃完一整個麵包。如果推算扁麵餅的重量約1磅，也就是455公克，那他們的食量還真的很大！我很愛吃麵包配奶油，不過在喀布爾時，我根本不需要奶油，直接將麵餅撕成小片，沾取阿富汗韭蔥餃（Ashak）流出的鹹羊奶優格，或是吃完Burani後用餅皮將盤中剩下的油汁和蕃茄擦乾淨。

在喀布爾，麵包通常是由男性主導的烘焙坊製作。一條麵包的價格約10阿富汗尼，相當於美金0.18元。另一種則是較傳統的麵包店，叫作Nanaware。太太們會帶著自己的麵團讓麵包師傅用泥爐（Tandoor）為她們烤熟麵包。其實阿富汗大多數的麵包坊都是以這種方式運作，通常是由夫妻一起管理。太太負責內場，顧烤箱還有烘烤，而她們的先生則看守入口處。對我來說，這真是個好發現，因為出門在外時，我常常需要為了找可以借用烤箱的麵包坊而傷腦筋。

麵包店提供她們與家人以外的女性互動的機會

城裡的婦女會將麵團裝在碗裡來找麵包師傅，到了麵包坊再動手塑型。她們會將麵團留在麵包店裡，藉由泥爐炭火的熱氣進行最後步驟的發酵。接著，有些人會先回家，等到麵包烤好時再回來拿，另外一些習慣留下來，與其他婦女在麵包店裡聊天。我曾見到一位女士拉起她天藍色的罩袍，暴露臉龐，讓布從她的背上像新娘面紗般滑了下去。總之，麵包店裡充滿很多笑聲。來到麵包店時，我與她們除了微笑和笑聲，並沒有共同的語言，但手勢

和微笑是不分國界的溝通方式。我與她們還有另一個共同點，就是大家一致認為麵包是生活的必需品。

麵包店給我的感覺就像不受限制的自由空間。在這裡，我見識到女人們對生活、對男人的智慧，還會分享一個好丈夫的條件。對成天待在家中的婦女而言，麵包店提供她們與家人以外的女性互動的機會。

如果一個家庭負擔得起，他們會直接在家裡建造泥爐。當然這對大家庭來說比較節省時間，但這些家庭的婦女也就失去了烘焙時待在麵包店的樂趣和歡笑。阿富汗的麵包大多是用泥爐烤的，爐子構造是在地下挖一個深約5呎｜1.5公尺的地洞，最底部則是柴火，泥爐溫度能達到比普通烤箱要高許多。

他們做的麵團很柔軟，幾乎與我的經典酸麵包麵團呈現一樣的質地

這些泥爐炭火是用兩種木材組成。Archa是能製造大火的油性木炭，連泥爐牆壁都會包覆住。它聞起來很香，像杜松的味道。燒烤的煙霧與從麵包店天花板小窗戶透進屋裡的陽光混合在一起，宛如迷幻的光影。泥爐保溫時則是用可以長時間小火燒的Balut或Toot兩種木炭。

他們做的麵團很柔軟，幾乎與我的經典酸麵包麵團呈現一樣的質地。麵包師傅會先將麵團橫向壓扁，成為類似義大利披薩餅皮的樣子，接著在麵團的一面塗上水，以便麵團可以附著在爐子的側壁上。在那井熱洞旁，麵包師傅蹲坐著，拿著麵團，身體往炭火上彎屈向前，將麵團黏進熱泥爐裡的側邊。真不知道她是如何做到的，即使到現在我還是很崇拜她來回重複撲上火苗的動作。

烘烤過程是先用泥爐的大火和爐壁上的溫度將黏住的麵團烤熟十分鐘。接著，為了讓麵包頂部與底部有一樣酥脆的口感，麵包師傅會用一支金屬夾將牆上的麵包取下，夾住保持在Balut木炭的小火上。麵包烤好時，在麵包坊等

待的其中一位女士會用一塊Archa木頭將爐壁的屑屑清除乾淨。這漸漸成了我在麵包坊的任務，因為她們認為我處理麵團的方式很奇怪，另外，也只有麵包店的老闆可以使用泥爐。

曾經，阿富汗的婦女也都是用天然酵母菌種

我將我的麵團帶到傳統的麵包店（Nanaware）烘烤。每次的麵包成品都令人驚喜，麵包外脆內軟，口感蓬鬆且不失嚼勁。用酸麵團烤出的麵包與用阿富汗的酵母不同之處，是烤好的麵包到隔天都還維持新鮮的味道。在我出發前往喀布爾之前，先用一條麵包交換到一些有機德國麵粉，因為我不確定旅程中可以找到適合餵養酸麵麵種的有機麵粉。在喀布爾，我把自有的麵粉與當地市場買的小麥粉混合來製作麵團。我一定要將麵粉過篩，因為裡面會摻雜塑膠袋和線。有時，我會加瓶裝水，其他時候則直接使用自來水。有些家庭在自家房子地下有私人水井，提供乾淨的清水。鹽的部分，我用從柏林帶來的冰島鹽，這也是早些時候與一位女士交換來的。

我向麵包師傅解釋酸麵包，以及為什麼我選擇不使用商業酵母來做麵包。她完全了解我在說什麼。轉眼間，麵包坊裡其他婦女也加入討論，我們開始大聲談論天然酵母與商業酵母的差異。曾經，阿富汗的婦女也都是用天然酵母菌種，她們會用一匙優格來發酵。現在很多太太選擇用較不費時的商業酵母，因為這樣她們只要在清晨六點開始做麵團，就可以在同一天內完成發酵並烤好麵包。雖然如此，她們還是非常熟悉天然酸酵母的優點。她們告訴我，吃天然酵母製作的麵包對胃和心臟比較好，這遠比我大多數的西方朋友對這方面的知識多太多了。

　　我在喀布爾的第一個麵包交換交易是用一條核桃麵包。那是我在修伊布（Shoib）和瑪蘇馬・納甲夫扎達（Massuma Najafizada）位在近郊的家中，用他們的瓦斯烤爐做的。修伊布和馬諦斯因為工作關係彼此認識多年，他們是很好的朋友，也很快的與我成為好朋友。他的太太瑪蘇馬邀請我到他們家學習阿富汗料理。那天我要學會三道我最喜歡的阿富汗菜餚。要不是我的酸麵麵種因為時差，表現差強人意，否則本來可以給他們更好的第一印象，但瑪蘇馬的食譜則令人驚豔。煮完飯，我們將自己包在傳統阿富汗男士的羊毛帕圖中，坐在阿富汗地毯做成的大抱枕上，享受了一頓一起完成的晚餐。

　　在瑪蘇馬的廚房裡，我們蹲坐在膝蓋上，直接在地上的一片油布上準備餃子。這是一個比較有效率的方式。瑪蘇馬的三個孩子在我們周圍爬著，男士們則在客廳裡等待，但他們抵不過好奇心作祟。我們都把焦點集中在瑪蘇馬身上。

阿富汗韭蔥餃
Ashak (Afghan Leek Dumplings)

食譜由瑪蘇馬・納甲夫扎達（Massuma Najafizada）提供

成品量48個餃子

材料

〈韭蔥內餡〉
韭蔥，只取白、淺綠色的部分，
洗淨後切成1/2吋｜12毫米的小塊1磅｜455公克
鹽1小匙
植物油2大匙

〈肉醬〉

植物油1/3杯 | 75毫升

紅洋蔥碎1顆

蕃茄碎2顆

羊或牛絞肉1磅 | 455公克

蕃茄丁1罐（15盎司 | 425公克）

飲用水1杯 | 240毫升

鹽和新鮮研磨黑胡椒

〈餃子皮麵團〉

有機無漂白中筋麵粉

3 1/2杯 | 440 公克

鹽2小匙

飲用水10大匙 | 150毫升，

可視情況酌量增加

做法

1. **準備韭蔥內餡**：將洗淨的韭蔥瀝乾，放入乾燥的碗內，加入鹽，用你的雙手按摩韭蔥，直到質地軟化，開始縮水且變小，鹽會將它們軟化。接著拌入植物油，放置一旁備用。

2. **製作肉醬**：將植物油倒入湯鍋內，用中火加熱，加入洋蔥，一邊攪拌直到洋蔥變軟，再加入蕃茄碎，攪拌至熟透。接著加入羊肉煮至焦糖色，最後拌入罐頭蕃茄丁和水，用中火加熱煮至沸騰。把火調小，繼續燜煮醬汁約三十分鐘至一小時，直到呈現濃稠油亮的質地，加入鹽和胡椒調味。你可以選擇將表面的油撈掉，但阿富汗人懂得如何欣賞油脂。

3. **準備餃子皮**：將麵粉和鹽加入一個大碗裡攪拌，在中間做出一個小凹槽，將水倒入凹槽中，用一支湯匙將麵粉混入直到變成一個麵團。先在工作檯上撒上一層麵粉（手粉）避免沾黏。將麵團分成二十四顆小球狀，在工作檯上將每顆小球擀開成一片片薄片，厚度大約1/16吋 | 2毫米，再切成每片2吋 | 5公分的方形麵皮。準備一小碗水，待會要用來沾濕手指以便封住餃子。在手掌上放一片麵皮，沾濕另一隻手的指尖，用濕的指尖畫過

喀布爾

223

麵皮的邊緣。舀約1小匙份量的韭蔥內餡放入你手中的麵皮上，將麵皮對摺，蓋住內餡，呈現長方形的形狀，最後將兩邊的角抓在一起，現在看起來應該很像義式餛飩。

4. 確保餃子不要濕掉，每做好一顆就放在撒滿麵粉的烤盤上，繼續操作，直到所有的麵皮都用完。千萬別將包好的餃子堆在一起，否則會全部黏在一塊。

5. 準備一個盤子，要能盛裝所有餃子上桌的大小，放上一半的優格醬。

6. 在一個湯鍋中用大火將鹽水煮至沸騰，加入餃子煮十分鐘，不時用一支有洞的湯瓢攪拌，確定所有餃子都完全淹沒在水中。煮好後，用湯瓢將餃子舀到濾網中，瀝乾水分。完全瀝乾後，將餃子放在優格醬上面。

7. 將另一半優格醬覆蓋上餃子，撒上薄荷葉。在喀布爾時，我們用的是乾薄荷葉。如果吃辣也可以在這時加上紅辣椒片。

8. 最後，在最上頭淋上一些肉醬即可上桌，留一些肉醬讓整桌的人傳遞，自行添加。

TIPS

◇ 如果不加肉醬，餃子和優格醬也是很好的素食選擇，可以搭配楓糖香烤南瓜沙拉（參照p.180）。

　　阿富汗人說每個新年的第一天都應該與最親近的人度過。你應該讓這一天充滿好的回憶，這樣整年才能持續一樣的愉快心情。相較之下，這個理論似乎是個好的替代方案，太多西方文化的人都因為前一晚玩得太開心，新年的第一天身體反而不適。

　　瑪蘇馬教我做的這種鹹餅是大家喜歡在元旦時吃的小點，但也是適合一年四季享用的點心。在炎熱的日子，人們會將韭蔥餅（Boulanee）搭配一種酸奶（Doogh）食用，這個飲料有點像鹹的優酪乳，用小黃瓜和薄荷葉調味。韭蔥餅也很適合搭配任何沙拉食用。

馬鈴薯韭蔥餅配波斯酸奶飲料 Boulanee with Doogh
(Potato-and-Leek-Filled Pastries with Yogurt Drink)

食譜由瑪蘇馬・納甲夫扎達（Massuma Najafizada）提供

成品量12～15塊餅

材料

〈酸奶〉
冷水5杯｜1.2公升
新鮮原味全脂優格2杯｜480毫升
小黃瓜，
削皮後切細絲5吋｜13公分長1根
新鮮薄荷葉細絲2大匙，
或風乾薄荷葉2小匙
鹽1 1/2小匙

〈韭蔥餅〉
過篩的有機無漂白中筋麵粉4杯｜500公克
鹽
飲用水1杯｜240毫升
韭蔥1磅｜455公克
植物油1大匙＋炸鍋所需的份量
適合烘烤品種的馬鈴薯，削皮1磅｜455公克
新鮮研磨黑胡椒

做法

1. **製作酸奶飲料**：將水、優格、小黃瓜、薄荷葉和鹽放入一個大水瓶中，攪拌至均勻，然後放入冰箱冷藏，直到要飲用前再取出。

2. **準備韭蔥餅**：將麵粉和鹽放入一個大碗裡攪拌，在麵粉中間做出一個小凹槽，將水倒入凹槽中，用手直接將麵粉混合，直到形成一顆不會太濕黏的麵團。將麵團移至工作檯上，揉捏約十分鐘，直到麵團變柔軟、觸感較滑順，表面呈光亮的色澤。將麵團揉成一個圓球，蓋上布巾，放置一旁約三十分鐘。

3. 韭蔥由橫向切對半，切下白、淺綠色的部分，放入一盆冷水中洗去泥土污垢。清洗過程可能要換三次清水，或至韭蔥上沒有殘留任何泥土。將韭蔥瀝乾，放到乾淨的碗裡。接著加入3小匙鹽，用雙手按摩韭蔥，直到纖維軟化，然後拌入1大匙植物油。

4. 在一個大湯鍋中裝一半的水，用大火煮沸騰，先加入1小匙鹽，再加入馬鈴薯，煮熟至軟化。將馬鈴薯瀝乾，鍋中水則倒掉，再把馬鈴薯放回大鍋中，搗碎成泥，加入韭蔥和黑胡椒，試試味道，依照個人喜好加入鹽或黑胡椒調味，拌勻成餡料。

5. 在撒上麵粉（手粉）的工作檯上，將麵團分成十二至十五塊。將每塊麵團擀開成直徑約6吋｜15公分寬的圓形薄片。準備一小碗水，待會要用來沾濕手指以便封住餅皮。在手掌上放一片麵皮，沾濕另一隻手的指尖，用濕的指尖畫過圓圈的邊緣，舀約11/2至21/2小匙馬鈴薯韭蔥餡放入你手中的麵皮上，將麵皮對摺，蓋住內餡，呈現半月形。將做好的餅放上撒滿麵粉的烤盤上。繼續操作，直到所有的麵皮都用完。

6. 在一個大湯鍋中，倒入約4吋｜10公分深的植物油，用中火加熱至365℉｜185℃。將包好的餅放入鍋裡炸，每次炸一或兩個，不時在熱油裡將餅翻面，確保兩面都炸成深金黃色。

7. 搭配酸奶一起上桌，記得提醒大家將韭蔥餅沾取優格食用。另外，你也可以將韭蔥餅切成2吋｜5公分厚的片狀食用。

◇ 有些人會選擇單一餡料,只用馬鈴薯或韭蔥,但我喜歡的是組合兩者的食譜。

◇ 當阿富汗的家庭要用這款餅當主菜時,會為每人準備四至五塊的量。如果要搭配沙拉食用,每個人一至兩塊餅應該就很足夠。

喀布爾
227

阿富汗是世界上其中四個主要文化的相交點：中亞、中東、印度次大陸以及遠東。更明顯的是這裡的飲食文化，全都反映多種族對這個國家的影響。這道菜也是我向瑪蘇馬學來的，是一個很好的文化交錯案例。

這道菜的名稱源自一位公主的小名，她在第九世紀時嫁給巴格達的國王。據說這道炸茄子蕃茄佐優格醬當時就出現在他們婚禮宴會的菜單上。這個醬是很好的配菜，與韭蔥餃是天作之合，非常適合一起享用。

炸茄子蕃茄佐優格醬 *Borani Badenjan (Eggplant and Tomatoes in Yogurt)*

食譜由瑪蘇馬・納甲夫扎達〔Massuma Najafizada〕提供

成品量6人份

材料

油炸用植物油
鹽
茄子5顆，切成1/3吋｜8毫米厚片
適合烘烤品種的馬鈴薯2顆，削皮後切成1/4吋｜6公分厚片
蕃茄6顆
飲用水1杯｜240毫升
紅洋蔥絲1顆
罐裝整粒蕃茄，瀝乾切片1罐（28盎司｜794公克）
薑黃2 1/2小匙
大蒜優格醬（參照p.180，但製作過程中不要加入醋）1份
裝飾用薄荷葉碎，可自行添加

做法

1. 在一個大平底鍋或煎鍋裡倒入11/2吋｜4公分深的植物油，用中大火加熱，加入1小匙鹽。小心的將茄子片分批放入鍋中，油炸至每片呈金黃色。取出炸好的茄子片，放在墊著紙巾的烤盤上吸掉多餘的炸油。接著油炸馬鈴薯片，將全部都炸好。

2. 將三顆蕃茄切成1/4吋｜6公分厚的片狀。

3. 在一個9吋｜23公分深的鑄鐵煎鍋裡，分別鋪入一層茄子片，再覆蓋上蕃茄片，最後在頂端疊上馬鈴薯片，在每一層都撒入少許鹽調味。堆疊好後小心的將水沿著鍋子邊緣倒入，將煎鍋放於一旁。

4. 將紅洋蔥絲放入另一個小平底鍋或煎鍋裡，用中大火炒熟，不斷攪拌直到紅洋蔥絲變軟但還未變深色。將其餘三顆紅蕃茄用食物調理機打碎，或用刀切碎。將蕃茄碎泥加入紅洋蔥絲鍋中，用小火煮約十分鐘。這時加入整粒蕃茄與薑黃，將火轉小，煮至少五分鐘以上，即成蕃茄紅醬。將蕃茄紅醬倒入做法3中，蓋上鍋蓋用小火煨煮三十分鐘至一小時四十分鐘。蔬菜應該會熟透並開始變得柔軟。

5. 將一半大蒜優格醬舀入一個大盤子上，放上熬熟的蔬菜，避免夾帶太多鍋底的油水。最後依照你的喜好，撒上一些薄荷葉碎，用更多優格醬點綴盤子周圍作裝飾，立即上桌享用。

TIPS

◇ 如果你想要蔬菜清淡一點、減少烹煮時所用的油，你可以在蔬菜片上刷上一層植物油，用煎熟的方式代替油炸。

喀布爾

229

安特衛普

Antwerp

尋根：**安特衛普・比利時**

謙虛正是讓我愛上比利時的第一個原因

我的家族已經居住在瑞典數百年了。當爺爺告訴我這件事時，我馬上回應：「一個在同個地區居住與聯姻這麼久的家族，想必不太健康吧！爺爺，有些文化就是這樣死去的耶！」除此之外，我也認為這麼平和的家族歷史實在有點乏味。所以多年後當我得知自己有比利時血統時會有多麼興奮，就一點都不令人訝異了。發現自己竟然有比利時的祖先，大約要追溯回幾百年的歷史。這個重大發現出現時，我對比利時一點都不了解。我想像那是個有著惡劣天氣的國家，就像其他沿海的西歐陸國家。我知道那個國家因為內部政治鬥爭，有四年沒有一個政府有管理能力，這尤其令人難以相信，因為這是歐洲的政治中心。我還記得比利時是歐洲最後一個放棄殖民地的國家之一。事實上，剛果甚至沒有被列為殖民地，而是比利時國王的私人財產。從那個角度來看，我對比利時的認識有限，但並不怎麼覺得正派。

以歐洲國家來看，比利時很年輕，直到一八三九年才獨立。北方的佛拉蒙（Flemish）語區和南方瓦隆（Wallonian）的法語區的分界很明顯，不過即便語言差異性大，但佛蘭德和瓦隆有一個很重要的共同點：謙虛。我想自己到比利時旅行前，其實並不完全理解謙虛的意義。請各位允許我以自己的觀點討論一下，比利時人比他們的法國和荷蘭鄰居少些喧譁的習性。有些人描述比利時人是願意留在陰影下的內向人群。相較於許多歐洲國家，我們不常聽到有關比利時的消息，但這並不一定是壞事。當一個人很安靜時，我們反而較能清楚聽到他的聲音和意見。我很愛在比利時所遇到的禮節，有些人可能覺得太不直接，但這種態度正合我意。我從來沒有在那邊感受到文化上的傲慢或勢利，就算身處很特殊的場合，都只感受到大家的溫暖。謙虛正是讓我愛上比利時的第一個原因。

安特衛普，歐洲時尚版圖的重要成員

然而，比利時也有她矛盾的地方。如果從月球上觀看地球，比利時是最明

顯、最容易看見的國家，因為那裡的每一條高速公路兩旁都佈滿路燈，像一條從月球就看得到的閃亮項鍊。當我發現自己家族有比利時的血統時，也開始對比利時與瑞典的關係感到好奇。在瑞典，擁有比利時祖先，更確切的說，是前法國瓦隆的血統並不少見。十七世紀，瓦隆人開始往北移居，以幫助瑞典發展礦產。我知道自己追溯家族歷史的堅持可能令人不解，然而尋根喚醒了我的求知慾，也對我個人的影響很深。

二〇〇七年起，我開始因為工作需求前往這個地區出差。比利時因為安特衛普，已晉升為歐洲時尚版圖的重要成員。儘管如此，比利時的時裝設計師們還是保持一貫的低調。無論是馬丁·馬吉拉（Martin Margiela）或德賴斯·范諾頓（Dries van Noten），都沒有過多的廣告，也沒有高級定製服，只維持高水準的成衣，但一樣令人讚歎。

首次踏上比利時的土地，安特衛普就用一片灰色天空歡迎我。斯海爾德河（Schelde River）也沒有帶來任何色彩。但是當我往克魯斯特古董街（Kloosterstraat）的古董店走去時，很快就注意到灰色是完美的背景色，凸顯出許多細節。比利時的灰很特別，有點像威馬犬的顏色，我稱它佛蘭德灰。這個灰帶有咖啡色，土色的基底。有點淺灰褐色，但又更冷一些。正如同蘇黎世的灰似乎是由當地的基岩中延伸出來，佛蘭德灰彷彿是灰色天空中反射出來地面上的土壤。如果必須在整個顏色表中選擇一種最喜歡的顏色，我會挑佛蘭德灰。

對美好生活的熱愛，從重視食物和飲品就可發現

另外，讓我印象深刻的是那裡的建築物。我愛上了老房子的不完美，這些外牆有著歲月的痕跡。外觀的裂縫和窗台的老花盆，一切都很真實，不像迪士尼樂園裡刻意光鮮亮麗的街道景色。大多數的房子都非常有個人特色，沒有一棟長得與鄰居一樣。儘管如此，每棟外牆上都塗上不同的顏色，如果不仔細觀察，不會發現這些色彩是精心挑選的。似乎一切都是那麼自然發生。

走進屋裡，迎面而來帶有粉塵感的淡奶油色和暖一些的灰與綠。室內陳設則受工業風格影響，外加上白色、芥末色和黑色。這個國家使用很多的黑色。花瓶裝著精心插好的新鮮花朵，但也有正凋謝的花朵，掉落的花瓣隨意蔓延在桌面上。我在比利時參訪的房子，正是我最喜歡的居家風格設計。

　城市的灰色線條反應出這裡糾結的歷史與目前的政治紛爭。溫和人民與備受爭議的政府的對比，讓這個國家更有趣。比利時在許多方面是一個分裂的國家，有兩種主要語

言，歷史上從來沒有一致性的文化遺產。不過，佛蘭德和瓦隆人確仍有一個共同點，就是他們對美好生活的熱愛，從他們重視食物和飲品就可發現。以國民平均計算，只有法國擁有比這裡多的米其林星星。將這等級的品質與謙虛的態度，還有不過分做作的待客方式全部加起來，就是我最喜歡的那種非常舒適的氛圍。用最簡約的方式達到最多的時尚感和頂級品質，這就是我心中的比利時。

　　普通的鬆餅，大家會加上鮮奶油、果醬、糖粉或冰淇淋等等點綴，但有一種鬆餅完全不需要任何裝飾就贏了。這種鬆餅甚至連楓糖漿都不用。當然可以加上新鮮水果，但也不一定需要。列日鬆餅本身就很具有吸引力。麵糊裡的糖好像穿上了一層脆脆的衣服，所以冷熱都好吃。

比利時列日鬆餅 *Belgian Waffles from Liege*

成品量12～15塊小鬆餅

材料

紅糖1 1/2大匙

活性乾酵母2小匙

溫水1/3杯｜75毫升

有機無漂白中筋麵粉2杯｜300公克

鹽1/2小匙

雞蛋3顆

香草豆莢1根

融化的無鹽奶油1杯｜225公克＋刷鬆餅機用2大匙

比利時珍珠糖1杯｜200公克

做法

1. 將紅糖、乾酵母和溫水倒入一個小碗內攪和，直到開始冒泡，時間約五分鐘。

2. 用一台直立式攪拌機，裝上漿狀攪拌頭，將麵粉和鹽混合在一起。在麵粉中做一口小凹洞，將酵母液倒入，用中速攪拌至麵團呈鬆鬆的一團，大約一分鐘。然後加入1顆雞蛋，混合二十秒，再加入1顆，重複動作至用完雞蛋。將香草豆莢對剖，刮出香草籽，加入1杯｜225公克融化奶油中拌勻。將攪拌機設在中低轉速，慢慢的倒進香草奶油液，直到全部混合均勻，麵糊的質地應該很濃稠，會沾黏。

3. 將攪拌機的碗用保鮮膜包住，讓麵糊在一個溫暖的地方發酵直到膨脹大一倍，大約需要一小時四十五分鐘。

4. 將珍珠糖拌進麵糊內，再次覆蓋上保鮮膜靜置十五分鐘。

5. 預熱鬆餅機，將鍋子刷上些許奶油避免麵糊沾黏。輕輕的攪拌麵糊，讓它稍微消氣。每個鬆餅大約是2大匙的麵糊，依照鬆餅機的指示操作，將鬆餅煎至兩面都酥脆，呈現金黃色。每次使用鬆餅機時都要記得刷上一點融化奶油。趁熱享用鬆餅。

TIPS

◇ 可以到烘焙專賣店或網路商店購買比利時珍珠糖，有助於列日鬆餅的酥脆更有層次。

◇ 如果想要事前準備麵糊，可以先製作原味麵糊，先不添加珍珠糖。蓋上保鮮膜後，讓麵糊在冰箱過夜發酵。第二天，等麵糊回升至室溫再攪拌進珍珠糖，並用鬆餅機煎熟。

◇ 在比利時，正統鬆餅的尺寸常常大到讓我忘了要吃午餐。所以在家做列日鬆餅時，我通常做約一半大小的份量。

安特衛普

這個國家使用很多的黑色。花瓶
裝著精心插好的新鮮花朵,但也
有正凋謝的花朵,掉落的花瓣隨
意蔓延在桌面上。我在比利時參
訪的房子,正是我最喜歡的居家
風格設計。

好的食材比一切都重要。選用榛果時，一定要用最好的品種。另外，巧克力與糖也是，品質越高的巧克力做出來的成品當然越好，而普通的蔗糖與未精煉的紅糖（Muscovado）嘗起來的味道也非常不同。

一切來自於某次的麵包交換，我用一條麵包換到一堂解說德國與奧地利白葡萄酒的課程，講師薩沙·里姆庫斯（Sascha Rimkus）是柏林特色食品專賣店Goldhahn&Sampson的股東。薩沙與我很快地成為好朋友，志同道合討論著彼此使用義大利頂級瑪里托巴（Manitoba）高筋麵粉或是品嘗礦物麗絲玲（Riesling）干白酒的經驗。他與我一樣，對尋找好品質與真食材擁有無比的熱誠。他也很愛說故事。這家店裡的食材帶給我許多烹飪的靈感。偷偷分享一下，我想我應該已經用過他們店裡販售的每一種鹽了。

榛果巧克力醬

Creme aux Noisettes et Chocolat (Hazelnut-Chocolate Spread)

食譜由薩沙·里姆庫斯（Sascha Rimkus）與佩特拉·菲格（Petra Fiegle）提供

材料

榛果，盡可能選義大利皮埃蒙特（Piemontese）產區1/2杯 | 80公克

奶油6大匙 | 85公克

70%比利時黑巧可力，剁碎3盎司 | 85公克

雞蛋黃3顆

糖粉滿滿的2/3杯 | 80公克

榛果粉3/4杯＋2大匙 | 80公克

法式酸奶1/4杯 | 60毫升

海鹽1小撮

做法

1. 將烤箱預熱至350℉ | 180℃。把榛果分散在一個烤盤上，放入烤箱烤到每顆都呈金黃色、表面光亮，香氣撲鼻，時間約七分鐘。將榛果取出，放在一張布巾上，包起來放置一旁降溫。等冷卻了再用布巾搓揉榛果，將表面的皮搓掉。把榛果仁切細碎塊，留一些比較大塊的，可以增加口感。

2. 將奶油和黑巧克力放入一個中型耐熱碗內，建議使用不銹鋼攪拌碗。在一個平底鍋中倒入1吋 | 2.5公分深的水煮，當水開始沸騰時，將攪拌碗架在頂部，以隔水加熱的方式融化奶油和黑巧克力。當完全融化時，攪拌均勻，放置一旁降溫。

3. 將雞蛋黃、糖粉放入一個中型碗裡，快速打發至泡沫狀，約三分鐘。在攪拌過程中，一邊慢慢倒入榛果粉，攪拌至完全混合時，再加入先前混合好的做法2。用一支橡皮刮刀由下往上將法式酸奶翻摺（拌）進醬裡，最後拌入烤榛果碎，在最上面撒上一點點鹽調味，攪拌均勻成抹醬。

4. 將抹醬裝進一個乾淨的玻璃罐子，要有蓋子的那種喔！抹醬可以在冰箱裡冷藏保存長達一週。

當薩沙（Sascha）住在比利時的時候，他心目中的完美早餐包括一杯好咖啡、法國長棍麵包、新鮮的糕點，當然早餐餐桌上的雙雄：榛果巧克力醬和肉桂薑餅抹醬絕不可缺。

薩沙告訴我，他常到一間可愛的麵包店吃早餐。除了有剛出爐、濃郁蛋奶香的布理歐麵包，還有最好吃的榛果巧克力醬，最重要的是有自家產的肉桂薑餅抹醬。直到搬離了比利時，他仍記得那個抹醬的味道。我相信薩沙和他女友佩特拉（Petra）所組合的這款食譜，絕對能重現那個好滋味。

肉桂薑餅抹醬

Speculoos a Tartiner (Ginger Snap Spread)

食譜由薩沙・里姆庫斯（Sascha Rimkus）與佩特拉・菲格（Petra Fiegle）提供

成品量2杯 | 570公克

材料

〈焦糖餅乾〉

飲用水3/4 杯＋2大匙 | 210 毫升

紅冰糖1杯 | 200公克

常溫奶油3/4杯＋2大匙 | 200公克

紅糖或未精煉的黑糖（Muscovado）

1/2杯 | 100公克

肉桂粉1小匙

鹽1/2小匙

有機無漂白中筋麵粉3 1/2杯 | 440公克

泡打粉2小匙

〈抹醬香料〉

整粒丁香1小匙

白胡椒粒1小匙

整粒荳蔻籽1小匙

肉桂粉1 1/2小匙

薑粉1小撮

整顆肉豆蔻磨碎

〈肉桂薑餅抹醬〉
焦糖餅乾8 3/4盎司｜250公克
紅糖（Light Brown Sugar）或未精煉的
黑糖（Muscovado）1/4杯｜50公克
椰奶1/4杯｜180毫升
抹醬香料1份
新鮮檸檬汁2小匙

做法

1. **準備焦糖餅乾**：在一個小平底鍋中，加入水和冰糖，用中大火煮至沸騰，直到糖完全溶化，煮出約1杯｜300毫升糖漿。將平底鍋放入冰箱降溫。

2. 將冰糖糖漿、奶油、紅糖、肉桂粉和鹽倒入一個大碗裡，全部混合。小心的加入麵粉和泡打粉，揉捏至形成一顆軟麵團。將麵團包上保鮮膜，放入冰箱發酵二小時。

3. 將烤箱預熱至325℉｜165℃。在一個烤盤上鋪上一張烘焙紙。拆開麵團的保鮮膜，將麵團滾成長條圓柱狀，接著切成3/4吋｜2公分厚的圓片麵團。將餅乾團放入烤箱烘焙二十分鐘，或者變硬但還沒變深成棕色。

4. **準備抹醬香料**：將丁香、白胡椒粒和荳蔻籽放入小平底鍋中，用中火香煎約一至二分鐘，或直到香氣開始散出。整個移入研磨缽中，搗碎成粉末，然後添加肉桂粉與薑粉，最後研磨約三分之一顆肉荳蔻加進去，混合均勻。

5. **製作肉桂薑餅抹醬**：把焦糖餅乾放進食物處理機中磨成細屑後加入紅糖，繼續與餅乾屑磨碎。當食物處理機仍在轉動時，倒入椰奶、抹醬香料和檸檬汁，繼續攪拌至呈現光滑濃郁的質地。

6. 將抹醬裝進一個乾淨的玻璃罐子。抹醬可以在冰箱裡冷藏保存長達一週。

TIPS

◇ 如果你的時間有限，無法親自烤餅乾，也可以直接購買市售的比利時焦糖餅乾製作。

我無法幫馬諦斯（Matthias）說話，所以還是讓他用文字來敘述他如何用這道食譜參與麵包交換計畫：

因為爸爸，我也找到了對旅遊的熱愛。小時候，他就費盡心思帶著全家遊山玩水，到不同的海岸小鎮度假。白酒貽貝是他在旅途中最先為我們點的其中一道菜。他會以專業醫生的口吻，喝著白酒，向我們解釋這碗平價又美味的料理包含了多少營養精華。被他一說，我都要用衝的過去盛我的份，免得家人一窩蜂將所有貽貝都吃完。

這道菜很完美，因為只要幾種簡單食材，烹調時間又很短，而且與白麵包搭配起來很完美。我在這裡分享的版本實驗性質較高，但還是與基本的比利時白酒配方一樣簡單又好吃。這道菜的準備方式分為兩個步驟：首先要熬煮鮮美的湯，接著用湯汁將貽貝蒸熟。

獻給莫琳的貽貝 Mussels for Malin

食譜由馬諦斯・吉博爾（Matthias Gebauer）提供

成品量約2人份主餐

材料

植物油2大匙
泰國大蒜或其他大蒜1顆
青蔥，白、綠色部分切片1把
胡蘿蔔，削皮後切塊2根
檸檬香茅，
只取白色嫩的部分，切碎3根
生薑末2小匙
月桂葉2片

不甜白酒1杯｜240毫升
椰奶1杯｜240毫升
高脂鮮奶油（Heavy Cream）
1/2杯｜120毫升
新鮮貽貝2 1/4磅｜1公斤
鹽
裝飾用香菜碎末

做法

1. 將植物油倒入湯鍋中，用小火加熱，加入大蒜和青蔥，微微炒一下爆香，但不要炒到顏色變深。接著加入胡蘿蔔、檸檬香茅、生薑末和月桂葉，調成大火，讓香茅的香氣散發出來，接著倒入白酒，繼續煮幾分鐘。蔬菜熬煮越久，湯頭會越入味。一邊煮要記得一邊試試味道，才能找到自己最喜歡的湯頭。最後加入椰奶和全脂鮮奶油，添加的份量可以隨個人喜好而異，如果喜歡香茅和薑的味道，椰奶和全脂鮮奶油可以少加一些。待會煮貽貝時會為湯汁添加一些鮮味。

2. 調成中火，加入貽貝並蓋上鍋蓋蒸熟，當所有的貽貝殼都打開，表示已經熟了。蒸的過程只需幾分鐘，所以要顧好鍋子，不要煮過熟，以免貽貝的肉變硬、太韌。煮熟後，將貽貝分裝進兩個湯盤中，將沒有打開的殼丟棄，這表示不新鮮。品嘗看看湯汁的味道，用鹽調味。舀一些湯汁進盤子，讓貽貝浸在湯中，撒上香菜碎末即可上桌。

TIPS

◇ 當湯頭熬成你喜歡的口味時，就可以開始準備餐桌的擺設了。貽貝蒸熟所需的時間很短，所以就快要可以上桌囉！

◇ 高脂鮮奶油和椰奶的份量只是建議，可以很隨意的增加或減少來滿足自己的喜好。

◇ 我們選用白蘇維翁（Sauvignon Blanc）白酒來烹調這道菜，但是如果想要更酸一點的口味，可以擠上一些檸檬汁調味。

◇ 想要精緻一些的擺盤，可以在貽貝上放點香茅葉裝飾。

安特衛普 247

California

加州

公路旅行：**加州‧美國**

做飯其實就是另一種表達愛的方式

歐洲人對自己的料理文化相當自豪，自認為有最好的麵包。法國就在歐洲，不是嗎？至於葡萄酒，更不用說了，當然是歐洲的比較優質。畢竟歐洲歷史悠久。我們也喜歡大肆宣傳速食是美國的發明。

我算有點晚才學會欣賞好的食物，而這一切要歸功於我第一次到訪美國。高三那年，我到俄亥俄州都柏林市交換學生一年。當時寄宿在熱愛食物的戴維斯（Davis）家族裡，主人媽媽南西（Nancy）向我解釋時間和耐心在烹飪中有多麼重要。她可以花一整天時間，在家做蕃茄紅醬。她的丈夫比爾（Bill）則教導我在超市購物的訣竅，要如何挑選良心食品。我們的晚餐標準是三道從新鮮食材開始烹煮的菜色。這時我才學到做飯其實就是另一種表達愛的方式。而我也驚覺，不是只有歐洲人才了解好食物的精髓。

開始寫這本書時，我和一樣住在柏林的平面設計師卡特琳‧韋伯（Katrin Weber）決定沿著1號公路從洛杉磯開車到舊金山，再前往北邊的索諾瑪谷（Sonoma Valley）葡萄酒產區。我們從來沒有來過這區域，所以除了一心想從一邊吃到另一頭，我們真的沒有任何計畫。事實證明，一點都不難。

一如往常，下飛機後第一件事，就是要叫醒沉睡在行李箱裡的酵母菌種。被關在飛機行李艙六個小時，的確會影響酵母菌種。抵達洛杉磯後，我馬上開始尋找烤箱的日子。我打電話到威尼斯海灘旁的Gjelina餐廳，他們答應讓我借用廚房裡的木烤爐。我以窗外夕陽的朦朧顏色作為靈感，用甜菜根製作一球粉紅色麵團。

之後，我先在好萊塢的瑜伽教室與一名攝影師交換了麵包，緊接著就與卡特琳開始我們的沿海公路旅程。因為卡特琳很渴望在離開南加州前碰一次水，所以我們的下一個任務就是找一個交換衝浪板的機會。很幸運的在繼續往北的路途上，我們用一條羽衣甘藍菜麵包交換到馬里布海浪上的下午。

帶著酵母旅行就像與一個天后出門旅行一樣

對我來說，沒有比在旅途上交換麵包還來得刺激但累人的事情了。在路上製作麵團需要大量的時間和靈活度，但也正因為這麼具挑戰性，所以沒有一刻是無聊的。我一直學到新的東西，還因此遇見好多人，他們都會告訴我一些有趣的故事。這些通常是我透過麵包交換計畫的部落格而聯絡上的人。通常當地有興趣的粉絲會幫我牽線、告訴我一些祕密基地，甚至會提供點子，或在有棘手情況時伸出援手。我會上網寫下自己目前的所在地，幾個小時後我就會收到交換交易的日期，最後的結果常是令人興奮與出乎意料的經驗。

以物易物交易的路線引領卡特琳與我經過大蘇爾（Big Sur），到達舊金山，接著開始繞道。我們去了索諾瑪（Sonoma County）的葡萄酒莊區，還有湯馬斯灣（Tomales Bay）的生蠔養殖場。我在華沙體驗的「農場到餐桌」概念，來到加州多了一個意義：新鮮。

加州
251

車子裡的酵母菌種讓我們閒不下來。我曾反覆問過自己，為什麼這裡的人們以如此開放的心歡迎我的交換計畫。他們願意邀請我們兩個陌生的歐洲人到他們家中，與我們分享私人的故事，做飯給我們吃，有時甚至願意收留我們在沙發上過夜。不為其他，就是要換取一條麵包。帶著酵母旅行就像與一個天后出門旅行一樣，完全要看她的臉色、配合她的情緒，還要提供她所需的糧食、休息的時間和周圍穩定的溫度。當你才開始慶幸相處得很愉快時，噗滋！毀了。你連自己做錯什麼都不知道。酵母菌種看起來就是一副在說：「我知道我們有一個計畫，但我現在就是沒有那個心情。」或是拋下一句「我今天就不太順嘛！」的樣子。

我一向無法忍受人類的天后，更不要說酵母菌種了。有許多次，我都要停下自己、審視正在做的事，並對自己說這一切「太瘋狂了」。車子裡有麵團，還用麵包來交換任何東西，有夠奇怪的！但在加州似乎很正常，一點都不怪。

參加在索諾瑪的祕密農民黑市

多虧有麵包交換計畫部落格，我剛到美國幾天後，就與史普琳‧麥克斯菲爾德（Spring Maxfield）聯絡上。她有顆非常溫暖的心，並與同樣深具創意的家人一起住在加州的聖羅莎（Santa Rosa）。她與當地美食界相當熟悉，所以邀請我參加一個在索諾瑪的祕密農民黑市。請想像一下，這是最肥沃的農地所在地區的地下交易市集，超過八百位農民和美食愛好者在這裡交易市面上沒有辦法設定公平價格的高品質或特色食物。這不像一般相聚在一起的農民市集，而是網際組織，先用網路專用平台聯絡，才見面完成交易。

成熟的李子或新鮮的雞蛋都是這邊的業務，都不是用金錢買得到的，而是要用交換得到。當現今的貿易市場價值被打亂，能與其他認同這些東西價值的互相交換變得更讓人感動也有意義。那為何要在地下進行呢？嗯，其實這主要是用來保護此組織，因為有些交易的食品被歸類在灰色地帶，不完全符合美國農業食品法規。舉例來說，未經巴氏消毒的生乳酪在歐洲是合法的，但在美國不是。曾有農夫因為出售未經高溫消毒的牛奶而被起訴，進而失去自有農場。因此志同道合的美食人士非常保護這個組織。

用烤麵包來交換任何學習新事物的機會，不管是學什麼

這次旅途隨著交換計畫不同的交易而延伸到意想不到的路徑。每天都有不同的人和我透過網路聯繫想要交換麵包。在酒莊區，我們在賀茲柏格（Healdsburg）停下來，到Downtown Bakery & Creamery麵包店借用烤箱。我還用一條麵包換到六瓶俄羅斯河釀造廠（Russian River Brewery）的啤酒。接著我在麵團裡加入啤酒和杏桃，又烤了條新麵包，再用這條與位在聖塔羅莎（Santa Rosa）郊外的農園交換了新鮮香草。有人讓我們寄宿交換，也有人幫忙訂飯店過夜。我們用麵包交換與當地餐廳或葡萄酒莊的聯絡方式，也換到人家的家庭食譜。在索諾瑪，斯克里布（Scribe）酒莊的兄弟檔安德魯（Andrew）與亞當‧馬里亞尼（Adam Mariani）邀請我用他們的燃木烤爐在日落時分烤麵包，後來延伸成與他們朋友的一個野炊披薩夜晚。喝了許多優質葡萄酒後，他們

還讓我們借住在沙發上一晚。在佩塔盧馬（Petaluma），我借到一個騎馬的午後。我們還交換到長相畸型、農夫無法販售的紅蕃茄，那新鮮果實的味道是如此獨特。我永遠不會忘記坐在前往舊金山的公路旁，望著海洋吃蕃茄和麵包。

有天晚上，我得到了一個要用新鮮山羊乳酪與我交換一條迷迭香酸麵包的邀請。還不是隨便的羊乳酪，而是未經巴氏高溫消毒的生羊奶乳酪！我離開歐洲時最想念的就是生奶製品了。由於國家衛生法規的限制，新鮮的生牛奶、乳酪與奶油在美國都找不到。要不是因為法規，佛蒙特州（Vermont）無疑能產出最好的生奶油，雷斯岬海岸（Point Reyes）的生乳酪也會是層次最豐富的口味。

你應該想像得到，當我得知對方除了以物易物，還願意示範如何製作這種乳酪時，我有多麼興奮了。事實上，我最愛用烤麵包來交換任何學習新事物的機會，不管是學什麼，因為我知道它會留在我身邊一輩子。卡特琳與我留下來用完晚餐後才在深夜離開。從車道倒車出去時，我沒有看到後面有一輛黑色小貨車，於是就撞上了。我與卡特琳沉默地看著對方。

加州
253

混合良好的土地，涼爽的海風和充分的陽光

我們在加州，而且剛剛才在黑市上非法交易生羊乳酪。我們都知道這可能意味著大麻煩。然而，對人體這麼有益的食品，卻可能帶來與攜帶毒品或武器程度相同的懲罰實在有點荒謬。我們在路上等著警察到來。同一時間，我們找到卡車主人，他還做了自家的派給我們吃。加州人真的很善良。當警察終於來時，他非常不好意思，向我們說明剛剛因為處理發生在大麻農場的爭執所以來晚了。他解釋這是大麻採收的季節，所以常有類似事件發生，他很高興可以脫身過來幫我們。我與卡特琳笑到臉都要僵了，離開時感到好幸福。

這趟加州公路旅程讓我的歐式偏見增廣見聞。我親身經歷到混合良好的土地，涼爽的海風和充分的陽光所得到的結果。不但可以得到最棒的農產、為生活添加輕鬆的心態，還得到了加州。

加州
255

　　多年前，我就透過麵包交換計畫群組認識凱倫‧羅斯（Karen Roth），但我們從來沒有交換過麵包，因為她本身也是對酸麵包挺有研究的業餘麵包烘焙者。事實上，這位曾是矽谷創投顧問的凱倫，做任何事情都親力親為，全心投入完成。每次在網路群組裡貼出我在洛杉磯需要幫忙時，常常都是凱倫幫我借到烤箱，或提供我寶貴的意見解決問題。

　　最初，酸麵團熱煎餅和鬆餅是在十九世紀淘金熱時期在加州開始流行，礦工們早上和晚上都會食用這些點心。凱倫以及她的三個兒子和我分享著對熱煎餅的喜愛，特別是堆疊在中間的奶油。她研發出這道食譜，同時展現熱煎餅蓬鬆的口感，又夾雜著酵母菌的酸味。我很喜歡這道食譜方便的步驟，只要在前一晚準備好麵糊，隔天一早不需花費太多力氣，就有熱煎餅可以吃囉！

酸麵早餐熱煎餅 *Sourgough Pancakes*

食譜與凱倫‧羅斯（Karen Roth）共同完成

成品量4人份

材料

小麥麵粉酸麵麵種（參照p.46）1杯 │ 200公克
有機無漂白中筋麵粉1/2杯 │ 80公克
常溫的酪奶（buttermilk）1/2杯 │ 120毫升
奶油，融化後冷卻至常溫2大匙
紅糖（Brown Sugar）2大匙
鹽1/2小匙
雞蛋，輕輕的打發2顆
泡打粉1/4小匙

做法

1. 要吃熱煎餅的前一晚開始準備麵糊。首先，將酸麵麵種、麵粉和酪奶加入一個大攪拌碗中混合，接著加入奶油、紅糖和鹽攪拌，麵糊裡如果有黏在一起的小塊狀也沒關係。將保鮮膜覆蓋上大碗，放置室溫，讓麵糊過夜發酵。

2. 第二天早上，麵糊應該呈現冒泡的狀態，就表示可以煎了。將打發的蛋汁倒入麵糊中混合，現在麵糊的稠度應該很像稀稀的薄泥漿。這時可以將麵糊稍微靜置一下，直到要吃早餐前再開始煎。

3. 準備煎餅時，在麵糊裡撒上泡打粉，小心的翻攪混合。讓泡打粉產生分解作用約五分鐘，時間不能過長，以免煎餅喪失蓬鬆感。選用大的平底不沾鍋或鑄鐵鍋，將火轉至中火開始熱鍋。將一匙麵糊舀入鍋子裡，等麵糊表面開始冒泡而且膨脹至1/2吋｜12毫米的厚度，立刻翻面，煎至雙面都呈金黃色。重複動作直到將所有麵糊都用完為止。

加州
257

　　我不是很喜歡香蕉，但我很愛香蕉麵包。這道食譜的靈感來自於麵包交換計畫成員蘿拉·辛蜜拉·維拉紐瓦·古艾拉（Laura Ximena Villanueva Guerra）。我認為香蕉麵包出爐後只要用保鮮膜包住，放入冰箱鎖住水分，就能保持每天味道都很香醇。

純素食香蕉麵包 *Vegan Banana Cake*

成品量9×5吋 | 23×13公分1條

材料

有機無漂白中筋麵粉1 3/4杯 | 240公克

未精煉粗原蔗糖（Raw Cane Sugar）1/2杯 | 100公克

未精煉粗原紅糖（Raw Brown Sugar）1/3杯 | 60公克

螺旋藻粉（Spirulina Powder）1大匙

海鹽3/4小匙

泡打粉3/4小匙

豆奶1/2杯 | 120毫升

蘋果醋2小匙

熟成香蕉4大條或6小條

橄欖油1/4杯 | 60毫升

楓糖漿3大匙

香草豆莢1根

核桃或美洲山胡桃（依個人喜好添加）1杯 | 115公克

純素食黑巧克力碎片（依個人喜好添加）滿滿的1/2 杯 | 100公克

做法

1. 將烤箱預熱至375℉ | 190℃。用植物油或奶油塗抹烤模。

2. 將麵粉、兩種糖、螺旋藻粉、鹽和泡打粉全部混合後過篩。

3. 將豆奶、蘋果醋倒入大碗裡混合，靜置一旁約兩分鐘或直到豆奶開始凝結。香蕉搗成泥狀。將香蕉泥、橄欖油和楓糖漿倒入豆奶醋裡，攪拌均勻。香草豆莢對剖，刮出香草籽後也加入碗裡一起拌勻。這時加入過篩好的麵粉混合物，輕微的攪拌，不要過度混合。最後，若想增強風味與口感，可以在這時加入核桃、美洲山胡桃或巧克力碎片拌一下。將麵糊倒入準備好的烤模中，將麵糊表面抹平。

4. 放入烤箱烤一小時，或者拿一枝牙籤戳入蛋糕測試熟度，如果抽出牙籤時，牙籤上面沒有沾黏麵糊，就表示烤好了。將烤模放在冷卻架上降溫，等可以用手碰觸烤模時，用一支刀子劃過麵包周圍，讓麵包分離烤模，翻轉到烤架上。等完全冷卻後，將整條麵包切片上桌享用。

TIPS

◇ 也可依個人喜好，添加非純素的普通黑巧克力碎片。

剛抵達美國的前三天，我就發現每間餐廳的菜單上都有一個共同的食材，它叫羽衣甘藍菜。我在家從來沒聽過這種菜。現在我吃過了各式羽衣甘藍菜的調理方式：有時是生菜沙拉，有時則是經過鹽讓葉菜更嫩的冷盤、冰沙、脆片、燕麥穀片、湯，連巧克力布朗尼都有。當然，我也烤了第一條羽衣甘藍麵包。在聖塔羅莎（Santa Rosa），我向麗莎・辛曼（Liza Hinman）請教如何煮Spinster姊妹餐廳的羽衣甘藍菜沙拉，還配上我做的啤酒杏桃乾麵包。

Spinster姊妹的羽衣甘藍菜沙拉
Spinster Sisters' Kale Salad

食譜由麗莎・辛曼（Liza Hinman）提供

成品份量4人份

材料

原味酸麵包2片
橄欖油6大匙｜90毫升
海鹽
花生南瓜（Delicata Squash）
或奶油南瓜（Butternut Squash）5片
紅蔥丁1顆
紅酒醋3大匙
第戎芥末醬1大匙
特級初榨橄欖油6大匙｜90毫升

新鮮研磨黑胡椒
拉齊納多羽衣甘藍
（Lacinato Kale Tuscan Kale），
撕成小口大小狀5盎司｜150公克
嫩羽衣甘藍，
撕成小口大小狀5盎司｜150公克
培根，香煎切碎1片
脆蘋果，切薄片1/2顆
羅克佛特羊乳酪（Roquefort Cheese）1大匙

做法

1. 將烤箱預熱至500℉∣260℃。把酸麵包撕成小塊來烤麵包丁，我喜歡大口的麵包丁，所以我會將麵包撕成約1x1吋∣2.5x2.5公分的大小。將麵包丁放入碗中，淋入2大匙橄欖油，撒上鹽後攪拌，讓麵包丁吸飽味道。將所有麵包丁擺在一個烤盤上，送入烤箱烤三至四分鐘。

2. 將小南瓜片與2大匙橄欖油攪拌在一起，撒上鹽。將南瓜片擺上第二個烤盤一起進入烤箱中烤熟，烤至南瓜可以被叉子直接刺穿，約十五分鐘。

3. 將紅蔥丁、紅酒醋倒入一個中型碗裡混合，醃約十分鐘，接著迅速的加入芥末醬攪拌，一邊攪拌一邊再慢慢倒入特級初榨橄欖油，新鮮的沙拉醬完成囉！可加入鹽和黑胡椒調味。

4. 將1大匙橄欖油倒入大的不沾平底鍋炒或煎鍋，先以中火加熱。接著轉小火，加入一半量的羽衣甘藍，翻炒至葉子溫熱但不會太軟，取出放入一個大沙拉碗。在鍋子再加入1大匙橄欖油，清炒另一半量的羽衣甘藍。

5. 將麵包丁、小南瓜片、培根碎塊、蘋果和羅克佛特羊乳酪與清炒的溫葉菜拌在一起。最後，淋上沙拉醬稍微拌一下即可上桌享用。

TIPS

◇ 別使用特級初榨橄欖油來烤麵包丁，以免容易燒焦。

◇ 如果找不到嫩羽衣甘藍菜，可以全都用拉齊納多品種，或是用任何你喜歡的羽衣甘藍菜品種代替。

◇ 我喜歡用花生南瓜（Delicata Squash）來製作，因為這個品種的南瓜皮很薄，可以直接吃，奶油南瓜（Butternut Squash）就無法帶皮食用。

加州
261

遇到史普琳（Spring）以前，我從來沒有想過能自己做山羊
乳酪。但是，就像她對其他東西的態度，她就是有辦法讓製
作乳酪這件事聽起來很容易上手（也很好吃！）。這道食譜
做出來的份量可以與其他人共享，當然，也足以搭配麵包。

羊乳酪 Chèvre 食譜由史普琳・麥克斯菲爾德（Spring Maxfield）提供

材料

以巴氏法殺菌的羊乳2夸脫｜2公升
Mesophilic DVI MA乳酸菌
（也稱M4001發酵菌）1/8小匙
氯化鈣（Calcium Chloride）1/8小匙
水2大匙

液態凝乳酵素（Rennet）2滴
猶太潔淨鹽（Kosher Salt）或粗鹽片
風乾蒔蘿或喜歡的香料、
乾燥花來當作裝飾用

做法

1. 將羊乳倒入一個大湯鍋裡，用小火加熱至86℉｜30℃，接著從爐火上移開。

2. 將乳酸菌加入羊乳中，輕輕攪拌，等待約三分鐘。另外在一個小碗裡，混合氯化鈣和1大匙水，再小心翼翼的加入羊乳中攪拌。

3. 將凝乳酵素與剩下的1大匙水倒入另一個小碗裡混合，再拌入羊乳中混合，攪拌均勻後蓋上。把整鍋放在一個溫暖的地方靜置十二小時。

4. 先用一片高品質的過濾紗布墊進一個濾網裡，接著將濾網架在湯鍋上。羊乳在這個階段應該已凝結成塊狀，將整鍋倒入過濾，乳清會流進湯鍋中。讓凝乳留在紗布中，再次覆蓋上，留在室溫中十二小時，讓乳清繼續排出。

5. 取出紗布中的乳酪，塑型成二至五個圓餅，讓它們在室溫中靜置十二至二十四小時。在一個盤子中或一大張蠟紙上鋪上些許鹽，放上每塊乳酪餅滾動，直到乳酪餅外層滿滿覆蓋一層鹽。在盤子上加點蒔蘿，再次將每塊乳酪餅滾動沾取。最後用蠟紙包裝每塊乳酪餅，放入冰箱冷藏可以保存長達兩週。

TIPS

◇ 可以將乳清留下來做其他用途。乳清可以為麵團加入許多營養，而且增加麵包的奶香味。如果要在做麵團時使用它，在做我的簡易酸麵包中（參照p.54），只要將其中所需的水換為一半分量的乳清來代替即可，其他的步驟都相同。

有許多次，我覺得自己做的事「太瘋
狂了」。車子裡有麵團，還用麵包來
交換東西，但在加州似乎很正常，一
點都不怪。

San Francisco

舊金山

原味天然酵母酸麵包起源地：**舊金山．美國**

舊金山是原味酸麵包的發跡地

十四歲時，我就已經萌生移居國外生活的想法。我自認當時最可行的方法，就是說服父母送我去留學。他們的反應完全在我預期之中，認為我年紀太小，但我還是毅然填寫了申請書，也寫完所需信件，還很認真的看了一遍又一遍的錄影帶影集練習英語。我也開始為個人資料檔案收集許多照片，目的就是當時機來臨，我可以馬上交出去。兩年後，父母終於同意讓我出發了。

我決定去美國，夢想是住美國東岸，最理想的是紐約市或波士頓。十幾歲的我成天幻想著高中校園和常春藤學院風格的生活。我很清楚那裡有我想要找的楓葉、粗呢大衣和網球裙，所以填寫學校申請書時，我列出的校外活動完全符合那裡的文化：帆船航海、游泳、高爾夫球和騎馬。我用種種原因塑造了一個一定不會被分配到偏鄉的個人資料，想盡辦法就是要確保不會被分到小鎮。從小到大對小城鎮生活太熟悉了，我想要不一樣的生活。資料裡還提及我對動物過敏，但我很喜愛劇場表演、音樂會和歌劇。但是有一個地方我不能去，那就是舊金山！因為我很怕地震。一九八九年地震時海灣大橋（Bay Bridge）倒塌的情景一直深植在我的腦海中。總之，一切進行得還算順利，最後我被送往很穩定的俄亥俄州，離舊金山很遠！

當我開始研究麵包交換計畫的酸麵包時，我發現舊金山是原味酸麵包的發跡地，所以就算有地震，也阻止不了我前往那裡。距離上次拒絕去舊金山過了十五年後，我接到一通來自舊金山出版社的電話，這次要說服我搭飛機去地震之城是小事一椿。

舊金山酸麵包的經典特徵，一咬開就嘗到酸度

加州人都知道，原味酸麵包是十九世紀中淘金熱時期開始在北加州流行。當礦工們在偏遠的礦區工作時，不像市中心有臨近的烘焙坊，所以他

們必須倚賴天然發酵的麵團和flapjacks，這也是為什麼礦工有著「酸麵包（Sourdough）」的暱稱。一百五十年後，舊金山這座城市仍然成功將原味酸麵包發揚光大。一九五〇年代，基於商業盈利，大多數麵包烘焙商都改成依賴工廠大量生產。這不只發生在美國，世界各地都一樣。

舊金山酸麵包的經典特徵，是一咬開就會嘗到酸度，這與典型法式老麵種（Levain）有所不同。舊金山原味酵母麵包的酸味搭配灣區著名的海鮮料理、湯品或巧達濃湯都非常適合。有許多關於舊金山酵母麵包的迷思流傳著，有人說舊金山酵母菌的其中一種是只在北加州才能生長的獨特品種。還有人說在灣區開始培養的菌種是製作好麵包的祕訣。我也聽說過，如果一間麵包店從一個城市搬到另一個城市，生產出來的酸麵包絕不會相同，因為酵母菌深受每個地區的自然環境影響。

舊
金
山
271

舊金山酸麵包的神奇之處在於歷史

七〇年代初，學者們在酸麵麵種中發現了一種已經活了上百年，叫作舊金山乳酸菌（LactobacillusSanfranciscensis）的細菌。但是如果你現在問科學家們，就會知道這種細菌其實並非舊金山獨有，在世界各地的酸麵團中都找得到，更是傳統麵種發酵中的主要關鍵細菌。如果測試我在柏林的酸麵團，相信也會有。

無論在世界上的哪一個角落，我做的酸麵包味道都是相同的。在紐約、阿富汗、斯德哥爾摩、安特衛普或舊金山都一樣。因為我儘量控管過程中會變動的元素，一定要找好品質的原料、了解氣候狀況，當然還包括我個人的動力和精神。在科羅拉多州的吉納森市，當地的地理環境讓我措手不及，因為我不適應在7703呎｜2348公尺的高海拔地區發麵團，更何況那邊的空氣濕度佔百分之二十至三十。

除了有可以做出完美酸麵包口味的先天地理優勢，我認為舊金山酸麵包的

神奇之處在於歷史。從某種角度來看，酸麵包菌種竟然能比它最先的製造者還長壽是很奇妙的，這與麵包本身的味道一樣具有吸引力。就像我做的酸麵麵種現在分散在世界各處、在與我交換過麵包的人生命中佔據一小部分，一樣有魔法的感染力。

麵包交換計畫的旅程是在我不知情的情況下從舊金山開始的

到底是什麼原因讓酸麵包在舊金山這麼成功呢？是氣候的關係嗎？舊金山的天氣算穩定，不會太冷也不會太熱。當地的氣溫很理想，通常在60～80℉｜18～26℃之間。冷氣候不會對酸麵麵種有害，倒是過熱的溫度會造成比較多的影響。

當我吃到第一片塔汀麵包店（Tartine Bakery）的麵包時……好啦！沒有必要裝淑女，不只一片，其實我在回租屋處的路上就直接抓著麵包啃起來了。我已經花了五年以上的時間找遍世界各地，就為了找到最完美的酸麵包。塔汀麵包店的查德·羅柏遜（Chad Robertson）烘焙的麵包無疑是我吃過最好吃的麵包之一。麵包有著很有嚼勁的外皮，內餡鬆軟，但不乾。麵包外殼烤得很硬，就像我多年前在哥本哈根吃到波·貝赫（Bo Bech）烤的麵包一樣。查德是個很有理想的人，所以我探問在舊金山時是否可以借用他的烤箱。我向他解釋我的計畫和目標，也跟他提到哥本哈根波·貝赫的麵包如何靠堅持的誠意讓我重新拾起吃麵包的樂趣。我們因為抱著同樣的心態、不願意放棄理想，才會開啟這段友誼。查德剛從北歐回到美國，旅途中從傳統瑞典小麥與裸麥得到許多靈感。他的終極目標是品質，其中總會帶著故事。而我則是在尋找故事，但也不想妥協於品質。

回想起來，其實麵包交換計畫的旅程是在我不知情的情況下從舊金山開始的。初衷是要做出在柏林買不到，夢想中的完美麵包。整體來說，這種麵包要有純粹的原味，咬開要有空氣、帶有濕潤的口感，又有耐嚼的麵包皮。外殼應該是厚實的硬度，與包覆住淺色的內層有種對比。口味上，一定要酸以

及帶有穀物獨有的樸實味道。當初在柏林開始烘焙研發時，並不知道這麵包已經存在，而且源自舊金山。我從來沒吃過查德‧羅柏遜烤出來的美味，但他的麵包是如此接近我的夢想。所以我將麵包交換計畫的旅程在它真正起源的地方做結尾，由舊金山畫上句點。

當初在柏林開始烘焙研發時，並不知道
這麵包已經存在，而且源自舊金山。所
以我將麵包交換計畫的旅程在舊金山畫
上句點。

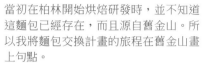

　　這天下午四點半，我和德國朋友卡特琳（Katrin）剛抵達舊金山。我帶著她前往麵包店，邊走邊在格瑞羅（Guerrero）街上向她解釋：「塔汀（Tartine）是我在哥本哈根波・貝赫（Bo Bech）之後吃過最好吃的麵包！」

　　「能得到你如此稱讚，會讓我很期待，但等一下更容易失望耶！」她用不相信的眼神看著我。我興奮地牽著決定和我們一起出來散步的民宿狗狗皮拉（Pilar），在路上蹦蹦跳著前進。走到18街時，我們停下腳步。塔汀麵包店門口已大排長龍，大家都在等還要半小時才會出爐的麵包。這一切嚇到卡特琳了，她說：「我上一次看到一大群人排隊買麵包的情況是在八〇年代的東德。」

　　這個食譜的材料以公克計算，查德用這個方式確保烘焙過程的精準性。

塔汀招牌丹麥式裸麥麵包
Rugbrød (Tartine's Danish-Style Rye Bread)

食譜由查德・羅柏遜（Chad Robertson）提供

成品量2 1/4磅 | 1公斤重2條

材料

裸麥麵粉酸麵麵種（參照p.44）310公克
常溫酪奶（Buttermilk）180公克
常溫飲用水475公克
常溫黑麥啤酒135公克
大麥麥芽糖漿20公克
斯佩爾特（Spelt）小麥麵粉400公克
裸麥麵粉100公克
海鹽15公克

整粒裸麥，
用水浸泡4～6小時，
瀝乾525公克
亞麻籽135公克
十亞麻籽碎70公克
芝麻105公克
葵花籽45公克
南瓜籽45公克

做法

1. 首先，將麵種、酪奶、水、啤酒與大麥麥芽糖漿倒入攪拌碗中混合，在另一個碗中，混合兩種麵粉。接著用手將混合好的麵粉，以及剛才拌好的麵種混合液混合成麵糊。將麵糊蓋好，放置一旁發酵約三十分鐘。然後加入鹽、浸泡好的裸麥、所有的亞麻籽（整粒和磨碎的）、芝麻、葵花籽與南瓜籽，用手攪拌直到均勻。

2. 用一片布巾覆蓋碗，留在較溫暖的室溫，約80～85°F｜26～29℃中發酵二至三小時。每隔四十五分鐘將麵團轉一下以加強韌性。先將手沾水，然後從底部輕輕抬起麵團翻摺過頂部，同時將碗轉動四十五度。重複動作三次，直到麵團四面都被轉過。

3. 用植物油或奶油塗抹兩個9×5吋｜23×12.5公分的模具。再次將手沾濕，然後用手將麵團取出放入模具裡。用沾濕的手將麵團表面順一遍，使成平滑的狀態，不要蓋上，將麵團開放的留在溫暖的室溫中兩小時。之後，在模具上蓋一張布巾，放入冰箱或其他約65°F｜18℃的陰涼處過夜發酵。

4. 隔天準備要烘烤時，將烤箱預熱至425°F｜220℃。用銳利的刀尖在麵團表面劃上割紋，接著刷上一層水，送進烤箱烘烤一小時十五分鐘至一小時二十五分鐘，或是麵包內部溫度達到210°F｜100℃或稍微更高。將麵包放涼冷卻至少半天，但是盡可能放置到隔天再切開。這些麵包可以保存長達一週。

我突然需要前往舊金山一趟，但手邊預算有限，於是我寫了一封電子郵件給約翰（John）和喬安·赫爾（Joan Hull）。我聽說他們有一間很棒的民宿位於嬉皮街（Haight）上。我向他們解釋麵包交換計畫的故事，而我需要到舊金山見出版商。喬安回信那幾天已經訂滿了，但他們的洗衣間裡有一張床，可以免費供我住。就這樣，我出發了。

那張小床跟我簡直是天作之合！因為時差關係，早上四點半我就會到廚房寫作。他們的黑色捲毛狗皮拉（Pilar）會陪著我。一小時後，喬安與約翰會起床為住宿客人準備早餐。我很幸運的可以試吃所有新鮮出爐的料理。約翰用他爸爸留下的一個四十歲酵母菌種做手工麵包。我們會一起談論到各地旅遊的經驗，還互相分享生活中的靈感。他們將舊金山介紹給我，述說著一九六七年夏季發生的嬉皮之夏（Summer of Love）嬉皮社會運動，以及他們如何離開紐約市來到這座城市。我們一起聊著生活。看著他們，我想這就是愛的樣子。

早餐乳酪烘蛋 Crustless Breakfast Quiche

食譜由約翰（John）與喬安·赫爾（Joan Hull）提供

成品量8～10片

材料

雞蛋5顆
有機無漂白中筋麵粉1/4杯 | 30公克
泡打粉1/2小匙
乳酪絲1杯 | 115公克
低脂茅屋乾酪（Cottage Cheese）1杯 | 225公克

烤小辣椒1罐4盎司 | 113公克，
或者小辣椒粉1小匙
融化奶油1/3杯 | 75公克

做法

1. 要吃乳酪烘蛋的前一晚開始準備。先用植物油或奶油（材料量以外）塗抹一個直徑9吋｜23公分的派盤。將雞蛋、麵粉和泡打粉全部混合打發，加入乳酪絲和乾酪，攪拌成均勻的麵糊。這時再加入小辣椒和奶油，混合均勻成麵糊。將麵糊倒入派盤，蓋上保鮮膜，放入冰箱冷藏過夜。

2. 第二天早上，從冰箱取出派盤，放於室溫中三十分鐘回溫。將烤箱預熱至350℉｜180℃，將派盤放入烤箱四十分鐘，或直到中心的蛋汁熟透，試試看搖晃派盤，如果全都定型，表示烤好了。將烘蛋從烤箱取出，放置冷卻至少十分鐘，再切片擺盤。

TIPS

◇ 依個人早上喜歡的口味選擇乳酪口味。我喜歡用熟成一點的種類，例如熟成的高達（Gouda Cheese）或是葛瑞爾（Gruyère Cheese），乳酪味會較濃厚。

　　這道菜所需的食材看起來很複雜又耗費力氣，但我保證是值得的。而且要一次多煮一些，因為冷藏在冰箱幾天後會更入味。可以將其當作開胃菜冷盤、搭配義大利麵，或擺在托斯卡尼經典炭烤小牛（Bistecca Fiorentina）旁當配菜都很適合。這道食譜的份量很足夠，方便招待客人一起分享。如果怕太多，也可以將所有材料減半。

西西里燉菜 Caponata

食譜由雅各・帕德貝格（Jakob Padberg）提供

成品量約6 1/2磅 | 3公斤

材料

茄子切成1吋 | 2公分小丁6顆
鹽
油炸用植物油
芹菜莖，切粗碎狀3條
新鮮奧勒岡葉碎
球莖茴香，切成1/3吋 | 8毫米厚片
（隨喜好自行添加）1/2顆
櫛瓜，切成1/2吋 | 1公分厚片1條
紅洋蔥絲1顆
小的大蒜3顆
巴西里，將葉子與梗分開，
切碎2枝
新鮮研磨黑胡椒
蕃茄泥2大匙，用水1小匙稀釋

砂糖1大匙
紅酒醋（另行添加）5大匙 | 75毫升
罐裝蕃茄碎1杯 | 250公克
無籽綠橄欖，切碎3/4杯 | 150公克
黃金葡萄乾1/2杯 | 85公克
地中海酸豆，清洗後瀝乾
（隨喜好自行添加）1/4杯 | 40公克
無糖巧克力，切細絲2大匙
新鮮羅勒葉，
撕小片或切成粗絲2大把
特級初榨橄欖油
脫皮杏仁，烤過後剁碎1杯 | 120公克
烤過的松子1/3杯 | 50公克

做法

1. 將茄子放在一個架在碗上的濾網中，撒上鹽，靜置至少二小時讓茄子出水。二小時後用紙巾將茄子上的水分吸乾。

2. 在油炸鍋或一個深底鑄鐵鍋裡倒入2吋 | 5公分深的植物油，用中火加熱至350℉ | 180℃。在一個大烤盤鋪上幾層紙巾。將芹菜莖放到熱油裡炸軟，至色澤呈金黃色。撈出芹菜莖放在烤盤上，撒一些奧勒岡葉碎。再次確定油的溫度回升到350℉ | 180℃，放入茄子油炸，如果有用球莖茴香與櫛瓜，也在這時以同樣的方式，一次一個油炸，取出放在烤盤上。重複直到全部都油炸好，撒上剩下的奧勒岡葉碎。

3. 在另一個平底鍋或鑄鐵鍋倒進一些植物油，用中火加熱，加入洋蔥、大蒜和巴西里碎爆香，炒至洋蔥開始變褐色，然後倒進鋪好紙巾的盤子上，撒上鹽和黑胡椒調味。將稀釋的蕃茄泥和砂糖加入鍋子中，煮至大部分的水氣都蒸發掉、砂糖開始焦糖化。將紅酒醋拌入鍋中。

4. 加入蕃茄碎繼續煮約十分鐘，再加入綠橄欖、葡萄乾、酸豆和巧克力，煮至醬汁變黏稠且呈泥漿狀，不要太稀，倒入一個碗裡，將炸好的蔬菜和煮洋蔥等拌入。加入羅勒葉，用鹽和黑胡椒調味，也可以再滴少許紅酒醋。在上面淋上些許初榨橄欖油，蓋上保鮮膜，放置室溫中冷卻至少二小時。經過自然冷卻，這道菜中不同的味道會融合在一起，成為獨特的口味。

5. 上桌前，再撒入些許切碎的巴西里葉碎、烤杏仁和烤松子。

TIPS

◇ 儘量挑選扎實、較少籽的茄子。

◇ 不要將茄子切太小塊，否則炸的時候會吸收過多的油脂。

致謝名單

這本書能夠完成要感謝許多人的協力與幫助，過程中所有的插圖、平面設計、私藏食譜、食譜測試，以及許多照片都沒有透過任何金錢交易。我單純用麵包交換到各位寶貴的時間以及每位的專業知識。除了這些人的分工之外，還要感謝許多朋友願意撥冗參加我們舉行的聚餐，還有協助整理與測試書中食譜。沒有你們，我是不可能完成這本書的。我特別想要感謝以下幾位：

在柏林一篇中，我要謝謝Mirjam Wählen為我們的晚餐聚會攝影，以及Karen、Anton、Christian Boros一家大方的邀請麵包交換計畫到他們家中舉行，當然還要謝謝參與麵包交換計畫的人。感謝Lara Maria Gräfen用葡萄酒與我交換麵包，帶給我許多好點子，還幫忙拍攝事宜。我也非常感謝我最喜愛的兩個德國酒莊Meier Näkel與Weiser Künstler的支持，還有柏林的巧克力專賣店Bon Voudo。謝謝柏林的瑞典大使館。還要謝謝Oliver Kann為我們準備音樂並播放歌曲。謝謝Lisa Frischemeier幫忙校正德文的稿子。由衷的感謝Julia Breton、Cynthia Barcomi、Laura Ximena Villanueva Guerra、deli-cat的Petra Fiegle、Sarah Sheikh、Anna Küfner、Conrad Fritzsch與John Benjamin Savary。當然不能忘記Chris Kippenberger為我們活動拍攝的短片，還要謝謝Anne Clark與Trickski大方分享他們的音樂。

在斯德哥爾摩一篇中，我要謝謝攝影師Fredrik Skogkvist用攝影記錄這次的淡水螯蝦餐會。謝謝Anne Larsson、Katharina Cederholm、Henrik Jessen、Devi Brunsson、Mathin Lundgren、Mathias Dahlgren、Per Styregård與Martin Bundock給予我們的在地協助。致Sandra Löfgren和Alex Poltrago：感謝你們為攝影前置作業的付出，還有謝謝你們用那麼可愛的小船載送大家。大大的感謝Dennis Persson與HOPE-Sthlm的幕後團隊。謝謝瑞典觀光推廣中心「Visit Sweden」對整本書製作過程中不遺餘力的支持。謝謝酒商Absolut Vodka的支持。還要感謝Alexander Kovacevic、Alf Tumble與Pär Lernström。此外感謝派對地點af Chapman船上所有工作人員協助我們拍攝順利。

在巴伐利亞一篇中，我要謝謝攝影師Yorick Carroux為我們記錄早午餐的一切。謝謝RöslerHaus旅店的Amely Steckert與Christine Schmitt、Nicky Stich、Stefanie Doll、Inger ElmlidNolfelt與Sasha Gora。謝謝美麗的蒸餾酒廠Stählemüle幫忙協助餐前酒飲料。還要感謝Güde Messer借給我們德國的手工

麵包刀。大大的感謝Ingrid Doll寄了一大包豐盛的風乾肉品讓我們在早午餐時享用。最後要感謝Nigel Cabourn與Peak Performance的禦寒衣物。

　　在華沙一篇中，感謝Maria Zaleska與Tymek Jezierski替我介紹了這麼多朋友。致Jakub Jezierski與Magdalena Ponagajbo：謝謝你們與我分享當地波蘭食物的歷史與故事。謝謝Robert Serek的嚮導，讓我認識他心中的華沙。當然也要謝謝Dorota Zylewicz的波蘭伏特加（Vestal vodka）。更要謝謝Anne Applebaum分享她的波蘭料理。

　　在紐約市一篇中，我要謝謝Ira Chernova的攝影。謝謝Agency V介紹的Friends of Truths所提供的葡萄酒。特別感謝Kathrin Prädikow給了我的酸麵麵種一個紐約的家。謝謝James Widegren、Katharina Riess、Kari Morris、Taylor Patterson、Deirdre Malone、Nhung Nguyen、Kate Cunningham、Nicole Salazar、Nancy Bachmann與Vilislava Petrova各位在紐約市的幫忙。謝謝Linda Ehrl、Elin S. Kann、Mel Barlow以及Annabelle Dunne，雖然你們人不在場，但你們募集了一群不得了的女人。謝謝Sylvia Kann與Fabian Johow教我製作醃漬鮮魚。感謝瑞典咖啡店Fika的團隊費盡心思為我尋找適合的烤箱。謝謝Karin Hesselvik與Converse的支持。謝謝Nicki與Russ & Daughters食品專賣店的傾囊相助，你們的店真的帶給我們許多靈感。感謝No Mad餐廳的Daniel Humm與Mark Welker出借你們餐廳的烤箱。當然也要謝謝Food & Wine美食雜誌的Gina Hamadey讓我借用你的頂樓空間。

　　在仲夏節一篇中，我要謝謝攝影師Antje Taiga Jandrig為我們的野餐留念。感謝Marienburgerstrasse路上的Blumenladen花藝。非常感謝堂姐Tina Cifrulak（Bråmå）對我的啟發。還有謝謝Saskia Ries、Laura Ximena Villanueva Guerra、Theresa Leuschner、Ellie Kulas、Lotta Lundgren與Carl-Gustaf Elmlid。

　　在喀布爾一篇中，如果沒有德國《明鏡》周刊（Der Spiegel）的Matthias Gebauer與Shoib Najafizada，是絕對無法完成的。他們的支持與人脈對我而言是無價。謝謝Massuma、Basher，當然還有Shoib如此歡迎我！謝謝Joel van

Hoedt用本篇開頭那張相片，來交換一罐Sascha Rimkus的比利時巧克力抹醬、有鹽的法國奶油與我的一條麵包。我也想要謝謝攝影師Farzana Wahidy，她拍下阿富汗女士們在工作的分秒，這是非常重要的記錄，她也是我在麵包坊時的翻譯。當然還要謝謝「My Marrakech」部落格的Claudia Nassif與Maryam Montague。謝謝喀布爾瑟瑞納（Serena）飯店的Kahn先生與Bauer先生。謝謝Faridulhaq Durani與Design Cafe的設計師Rahim Walizada，他們給予我許多寶貴的意見與美味的食物。謝謝室內裝飾店家Nomad、Haje Mujeb，他對當地的知識與阿富汗手工藝的歷史讓我學習許多，也要感謝John Wendle與Lydia Sparrow不止一次的相助。謝謝Gahl Burt介紹我許多當地的朋友。還有Turquoise Mountain的工匠製作、我所看過最別緻的麵包鏟。

在安特衛普一篇中，我要謝謝觀光推廣中心「Visit Flanders」的協助。感謝安特衛普的美麗旅館Boulevard Leopold讓我拍攝貽貝的餐會，還有布魯塞爾的Chambre en Ville旅館。非常感謝旅遊網站 www.classetouriste.be 的創辦者Debbie Pappyn與David De Vleeschauwer願意分享布魯塞爾的景色照片。當然還要再次感謝Sascha Rimkus與Petra Fliege對比利時料理的熱誠而不吝提供的食譜。

在加州一篇中，我要謝謝Eric Anderson，自從我們在他的紐約餐廳Calliope相遇後，他很好心在聖羅莎收留我們，還介紹我認識了Spring Maxfield。謝謝Scribe酒莊的Andrew與Adam Mariani讓我們在深夜的烘焙與品酒聚會後留宿一晚。感謝洛杉磯威尼斯海灘的Gjelina餐廳、加州Russian River釀酒廠、聖羅莎的Spinster Sisters餐廳、北加州希爾茲堡的Downtown Bakery & Creamery，與Levi's XX店裡的Dave讓我緊急借用烤箱。謝謝Spring Maxfield與Nancy Bachmann慷慨的邀請我留宿你們家中，你們讓我的旅程充滿樂趣。謝謝Karen Roth介紹給我好多的夥伴，不止在加州，而是無論我到哪都有她的朋友。大大的感謝農夫黑市的各位與我交換麵包，以及一路上的協助與支持，我會記得他們的友情！

在舊金山一篇中，我要謝謝Parsonage的Joan與John，謝謝你們的照顧。感謝Afar旅遊雜誌的Jen Murphy收留我，還介紹我認識好多當地的人。謝謝David Noel與Soundcloud的支持、Luke Abiol的圖片，還有要謝謝Chad與他的麵包店塔汀麵包店（Tartine Bakery）整個團隊大方的讓我借用烤箱。最後還要謝謝Randall E. Kay所有的支持，與對我整個計畫的鼓勵。

弗瑞德·（Fred Bashaden）—攝影師

蘿拉·辛蜜拉·維拉紐瓦·古艾拉（Laura Ximena Villanueva Guerra）—食譜創作

馬汀·邦多克（Martin Bundock）
—食譜創作

艾拉·切爾諾娃
（Ira Chernova）
—攝影師

安堤兒·泰卡·（Antje Taiga Jandrig）—攝影師

瑪麗亞·扎萊斯卡（Maria Zaleska）—重要的幫手

安·拉森（Ann Larsson）—重要的幫手

拉埃爾·摩根（RahelMorgen）與雅各·帕德貝格（Jakob Padberg）—食譜創作

馬諦斯·吉博爾（Matthias Gebauer）—食譜創作與重要的幫手

克麗絲汀·史密特（Christine Schmitt）—食譜創作

喬埃·范·霍特（Joel van Houdt）—攝影師

安娜·庫佛納（Anna Kufner）—食譜創作

希拉・琳德（Kheira Linder）—插畫家

伊琳 S・卡恩（Elin S. Kann）—食譜創作

康萊德・弗里奇（ConardFritzsch）—
食譜創作、提供靈感與重要的幫手

洛塔・隆格倫（Lotta Lundgren）—食譜創作

莎夏・格拉（Sasha Gora）—食譜創作與重要的幫手

拉娜・瑪里葛芬（Lara Mariagräfen）—重要的幫手

薩沙・里姆庫斯（Sascha Rimkus）與
佩特拉・菲格（Petra Fiegle）—食譜創作

凱薩琳・薩克（Katherine Sacks）—重要的幫手

麗莎・辛曼（Liza Hinman）—食譜創作

尤里克・卡勞克斯
（Yorick Carroux）
—攝影師

安妮・阿普爾鮑姆
（Anne Applebaum）
—食譜創作

約翰（John）與喬安・赫爾（Joan Hull）—食譜創作與提供靈感

米爾雅·瓦倫（Mirjam Wählen）—攝影師

妮可·莎拉塞（Nicole Salazar）
—食譜創作

瑪蘇馬·納甲夫扎達（Massuma Najafizada）
—食譜創作

克絲汀·皮斯托瑞絲（Kerstin Pistorus）—重要的幫手

妮可·史迪奇（Nicole Stich）—食譜創作

瑞妮·包曼（Renee Baumann）—食譜創作

佛瑞克·史寇維司特（Fredrik Skogkvist）—攝影師

馬汀·龍格爾（Mathin Lundgren）—食譜創作

路克·艾比奧爾（Luke Abiol）—攝影師

約翰·班傑明·薩瓦利
（John Benjamin Savary）
—食譜創作與重要的幫手

卡特琳·韋伯（Katrin Weber）—設計師

凱倫·羅斯（Karen Roth）
—食譜創作

吉瑟拉・威廉斯（Gisela Williams）
—作家

雅格布・耶傑斯基（Jakub Jezierski）—食譜創作

山塔奴・史塔瑞克（Shantanu Starick）
—攝影師

凱莉・莫瑞絲（Kari Morris）
—食譜創作

馬提斯・達格倫（Mathias Dahlgren）
—食譜創作

史普琳・麥克斯菲爾德（Spring Maxfield）
—食譜創作

查德・羅柏遜（Chad Robertson）—食譜創作

艾姆莉德家族（the Elmlids）
—食譜創作與支持

史蒂芬妮（Stefanie）與英格
麗・朵爾（Ingrid Doll）—食
譜創作

羅伯特・塞力克（Robert Serek）—食譜創作

卡倫・波洛斯（Karen Boros）
—食譜創作

琳達・尼可拉森（Linda Niklasson）
—食譜創作

大衛・德・弗里斯豪威爾
（David de Vleeschauwer）—攝影師

特別感謝

致麵包交換計畫的各位：你們每次用心準備的交換交易，還有我們每次相遇的機會都讓我更相信這個計畫的意義。麵包交換計畫能夠成功，是因為大家發自內心的力量，每個人都抱著同樣的心態交換、分享、傳播與扶持。我最想感謝的是與我交換過麵包的各位，你們都知道你們是誰，真的非常感謝。

我要謝謝我的家人：Inger、Carl-Gustaf與Eric Elmlid。他們的愛與支持，以及極具批判性的思維，都讓我更確信自己做的事是值得的。而我也要謝謝他們讓我一樣保有好奇心。

感謝Katrin Weber的版面編輯，我們交換了數不清的麵包，還有一趟極具意義的加州旅程。

謝謝Gisela Williams不斷的啟發與正向的精神。

謝謝Kerstin Pistorius與Katherine Sacks協助校稿，還有指引我往對的方向前進。

謝謝Matthias Gebauer推著我向前以及他的耐心，一路上他都是一位很好的旅伴與支持者。

致Sasha Gora、Alexander Matt、Gisela Williams、Adeline Thomas、SaskiaRies與Alexander Pache：謝謝你們費時試讀內容，而且永遠在我身旁給予我建議。

謝謝攝影師Mirjam Wählen的相片，與我們在製作本書時所相處的好時光。

謝謝插畫家Kheira Linder為麵包交換之旅所繪製的美麗地圖。

謝謝所有在我的部落格上留言的每位，還有協助測試食譜的大家。

謝謝每位向我介紹與分享自己人脈的各位。當我們互相認識各自的朋友時所擦出的火花，都是最棒的！

謝謝我的朋友們：Alexander Pache、Adeline Thomas、Martin Bundock、Linda Niklasson、PhilippSolf、Paul Hug、John Benjamin Savary、Lara Maria Gräfen、James Widegren與Conrad Fritzsch，你們對麵包交換計畫的興致是推動我的支柱。

謝謝Bo Bech讓我重拾吃麵包的興趣，他所烘烤的麵包味道令人無法忘懷，害我之後每次吃到麵包都一定會比較。

謝謝舊金山塔汀麵包店（Tartine Bakery）的Chad Robertson，他烘焙的麵包是我吃過最好吃的之一。

謝謝Manfred Enockson與Lars Gustavsson在我初學酸麵包時的照顧和幫助。

謝謝瑞典部落格「Pain de Martin」的作者Martin Johansson。

謝謝大家耐心品嘗我在試驗時那些不怎麼好吃的麵包，尤其是我的鄰居Herr Nofftz。

致Levi's XX、Manufactum與Alstermo Bruk的幕後團隊，你們為保持歷史的盡心盡力令人敬佩。

謝謝Konradin Resa第一次用音樂會的票與我交換麵包。當然也要謝謝Nanna Beyer介紹我認識Konradin！還有Elias Redstone在2008年給我的點子，讓我從分享麵包踏上交換麵包的路程。

謝謝Freunde von Freunden團隊中每位的支持。非常感謝BOLD PR公關在柏林與洛杉磯的協助，還有斯德哥爾摩公關公司A.W.B.的支持。謝謝「We Are Blessed」的Nicolas Bregenzer與Jakob Padberg在我的網站半夜癱瘓時第一時間搶救。謝謝Design Hotels集團願意參與麵包交換計畫，協助我的旅程。

致Lotta Lundgren，她一個人、一位女人、更是美食家，一路不斷的啟發我。

非常感謝舊金山Chronicle Books出版社的各位：出版者Christine Carswell、我的編輯Lorena Jones、設計師Vanessa Dina、總編輯Doug Ogan、校稿編輯Cheryl Redmond、製作經理Steve Kim、編輯Sarah Billingsley、Amy Treadwell與Elizabeth Yarborough，以及公關David Hawk、銷售經理Peter Perez、版權總監Johan Almqvist，當然還有整個銷售團隊。

最後，我還要親自謝謝Alexander Matt、Daniela Müller Brunke與Jens Pieper、Nanna Beyer、Hanna and Kristian Sanden Sydnes、Emma與Anders Röpke、Fee Kyriakopolous、Kai Bergmann、Daniel Becker、Andreas Berschauer、Emma Krut Jessen、Saskia Ries、Lara Maria Gräfen、Sasha Gora、Ellie Kulas、Anne Larsson、Elin S. Kann、Rahel Morgen、Billi Offergeld、Luke Abiol、Shantanu Starick、Ricky Alston、Eva Maria Golan與Wolfgang Ae、Gabriel la Lundgren、Anna Küfner、Anders Nordström、Ailine Liefeld、Jade Lai、Svenja Evers、Sarah Sheikh、Linda Ehrl、Yorick Carroux、Laura Ximena Villanueva Guerra與Robert Stranz、Davis家族、Lindsay Miller、Sascha Rimkus、Mats Green、Celia Solf、Mirja與Jeremy Silvermann、Britt與Walter Baugh、Inga Ericsson Fogh、Tedde與Lisbeth Åhlund、 Francine Grünewald與Laurent Chauvat、Gisela與Edgar Matt、 Eric Wahlforss、Ellen Weib、Julia Bentele、Mary Sherpe、Kurt Miller、Antje Taiga Jandrig、Anders More、Magmus Hedin、Sandra Johansson、Anders Jacobsson、Robin van der Kaa、Büchel家族、Bianca Stella Deangelis、Zarifa Mohamad、Alanna Hale、Oliver Zingg、Kitchen Guerilla、Wurstsack、Nina Trentmann、Antje Wever、Vilislava Petrova、Gerard Wilson、Alexander Matt，還有世界各地一路關注我與支持我的朋友們，沒有你們的鼓勵就沒有這一切。

Lifestyle035 *the Bread Exchange*

來交換麵包吧——橫越歐美亞非，1,300條麵包的心靈之旅

作者 / 莫琳‧艾姆莉德 Malin Elmlid　　翻譯 /夏綠‧王翰僑（P.96德文）

美術 / 張小珊工作室　編輯 / 彭文怡　校對 / 連玉瑩　企畫統籌 / 李橘　總編輯 / 莫少閒

出版者 / 朱雀文化事業有限公司　　地址 / 台北市基隆路二段13-1號3樓　　電話 / (02) 2345-3868　　傳眞 / (02) 2345-3828

劃撥帳號 / 19234566 朱雀文化事業有限公司

e-mail / redbook@ms26.hinet.net　　網址 / http://redbook.com.tw

總經銷 / 大和書報圖書股份有限公司 (02) 8990-2588

ISBN / 978-986-6029-93-6　　CIP / 427.16

初版一刷 / 2015.08.　　定價 / 380元　　出版登記 / 北市業字第1403號